엄마는
시코쿠

엄마는
시코쿠

ははは
しこく

원대한 지음

프롤로그

  엄마와 스페인 산티아고 순례길 800킬로미터를 걷고 돌아온 지 4년이 지났다. 대학교 졸업 후 돈 많은 백수를 꿈꾸며 프리랜서로 지내던 나는 프로젝트 계약 때문에 사업자 등록을 하면서 얼떨결에 디자인 스튜디오를 운영하게 되었고, 그사이 엄마는 산티아고의 기세를 이어 국내 천주교 성지 순례 111곳을 친구들과 완주했다.

  나와는 달리 산티아고 순례 이후에도 열심히 걸었던 엄마는, 산티아고가 아니면 안 되는 것이었는지 봄가을마다 환절기 감기 대신 산티아고 앓이를 했다. 마당에 영산홍이 만발일 때는 '지금 출발했는데…….' 어버이날에는 '지금쯤 그라뇽을 걷고 있었는데…….' 선선한 바람이 불기 시작하면 '가을 산티아고 배낭 싸던 때인데…….' 가을비가 내리면 '지금 칸타브리아산맥을 넘고 있었는데…….' 메신저에도

SNS에도 말줄임표 쓰는 걸 싫어하는 내가 엄마의 산티아고 앓이를 표현하는 데는 말줄임표를 쓰지 않고서는 방법이 없을 정도였다. 엄마의 그리움을 지켜보는 나도 그리움이 옮아 마음속으로는 세 번은 더 산티아고에 다녀왔다.

"바람이 등을 떠미네, 바람이 자꾸 걸으라네.
아이고, 걷고 싶어라~"

아니, 바람의 딸 한비야 선생님도 뒤늦게 결혼하고 정착하셨다는데 엄마가 갑자기 바람 타령이다. 심지어 이번엔 산티아고 추억과 관련도 없는 겨울바람인데! 알았어요, 걸읍시다, 엄마. 하지만 나는 방학과 휴학을 쓸 수 없는 자영업자가 되어버렸고, 이왕이면 아빠 휴가 기간을 맞춰서 이번엔 셋이 걸으면 좋겠다는 엄마의 요구 사항까지 반영하려니 세계 지도를 들여다봐도 눈에 들어오는 데가 없었다. 물망에 올랐던 산티아고의 다른 루트들은 긴 여정으로 인해 탈락, 단풍이 아름다운 캐나다는 아빠가 휴가를 쓸 수 없는 가을이라 탈락, 이렇게 저렇게 후보지들을 지우고 났더니 남은 건 일본이었다.

산티아고길에서 다른 순례자들에게 들어서 기억하고 있던 이름, 동양의 산티아고라 불린다는 '시코쿠'를 후보지에 넣어놓길 잘했다. 일본에서 네 번째로 큰 섬인 시코쿠의 불교 순례길인 '시코쿠 헨로미치四国遍路道'는 1200년 전 진언종 창시자인 코보 대사弘法大師의 발자취를 따라 만들어진 여든여덟 개의 절을 찾아간다. 88번 절에 도착해서 다시 1번 절로 돌아가면 제주도의 열 배나 되는 큰 섬 한 바퀴를 돌게 되는 것이다. 산티아고 프랑스길보다도 긴 1200킬로미터의 순례길이 엄두가 나지 않았는데, 문득 산티아고도 두 번에 나눠 완주했다고 생각하니 가까운 일본은 맘 편히 나눠서 걸어도 좋겠다는 생각이 들었다. 휴가 때마다 산티아고길을 며칠씩만 걷는 유럽 사람들처럼, 우리도 걸을 수 있는 데까지만 걷고 또 남겨두기로, 그리고 가능하다면 시코쿠 불교 순례길이 이어져 있는 네 개의 현을 네 개의 계절에 나눠 걸어보기로 했다.

  시코쿠는 산티아고와 달리 비행기로 두 시간도 안 걸리는 지척에 있는 데다가, 겨울에 출발하면 아빠도 여행에 함께할 수 있다. 게다가 세대 타령만 하며 여태 한자 까막눈인 나 대신 한자를 읽어줄 눈이 네 개나 있다. 이번에는 내가 엄마한테 말했다.

  "우리, 겨울에 시코쿠 갈까요?"

1200년의 길,
시코쿠 불교 순례를 떠나기 전에

시코쿠 헨로미치는 아직까지 한국 사람들이 많이 가보지 않은 루트이다. 여행 준비 과정에서, 그리고 길 위에서 새로 접하고 배운 것들이 많았다. 1200년 된 1200킬로미터의 시코쿠 순례길을 나서기 전에 먼저 불교 신자도, 일본인도 아닌 타종교, 타국적 순례자의 시선으로 알아두면 좋을 몇 가지 용어들과 역사, 문화적 배경을 간단히 소개한다.

시코쿠 불교 순례

혼슈, 홋카이도, 규슈와 함께 일본을 이루는 네 번째로 큰 섬 시코쿠에는 '동양의 산티아고'라 불리는 길이 있다. 일본인들은 이 길을 오헨로ぉ遍路라고 부르는데, 1200킬로미터가 넘는 길 위에는 88개의 절이 이어져 있다. 그곳에 일본 불교의 초석을 다진 코보 대사의 숨결이 여전히 남아 있다고 믿는 많은

이들이 88개 절을 따라 순례를 한다. 시코쿠 순례가 문헌에 처음 나타나는 것은 12세기 무렵이며, 지금과 같은 순례의 형태가 확립된 것은 16세기 말부터 17세기로 추정된다.

시코쿠는 도쿠시마, 고치, 에히메, 카가와의 네 개 현으로 이루어져 있는데, 옛사람들은 네 현을 도쿠시마부터 시계 방향으로 '발심發心·수행修行·보리菩提·열반涅槃의 도장'이라 불렀다. 길 위에서 만나는 순례자는 오헨로상お遍路さん이라 불린다. 마을 사람들은 그들을 곧 코보 대사와 하나라고 믿으며, 길가에서 순례자들에게 귤이나 차 한 잔을 내민다. 이것을 오셋타이お接待라 하는데, 받는 사람도 건네는 사람도 반가운 문화이다.

오늘날 사람들이 이 길을 찾는 이유는 꼭 신앙 때문만은 아니다. 어떤 이는 수행자의 발걸음을 흉내내고, 누군가는 자연 속에서 잃어버린 자신을 찾으려 한다. 걷는 이유가 무엇이든, 긴 길을 하염없이 걸어 그 끝에서 새로운 자신을 만나는 경험을 하게 된다. 88개 절을 모두 돌면 결원증結願証이라는 증서를 받을 수 있지만, 이 순례에는 정해진 법칙이 없다. 어디서 시작해도, 몇 곳만 들러도 괜찮다. 중요한 것은 길 위에 서는 그 순간이다.

코보 대사 이야기

시코쿠를 걷다 보면, 어디에서나 한 사람의 이름이 따라다닌다. 우리나라에서는 홍법 대사로 알려져 있는 코보 대사. 본래 이름은 구카이空海였다고 한다. 코보 대사는 774년 카가와현 젠쓰지善通寺에서 태어나, 젊은 시절부터 불교에 깊이 매혹되었다. 28세에 출가한 그는 바다를 건너 당나라로 가서 밀교를 배웠다. 돌아와서는 와카야마현의 고야산高野山에 곤고부지金剛峯寺를 세우고, 일본 진언종의 기틀을 닦았다. 그러나 그는 단지 승려만은 아니었다. 시인이자 화가였고 교육가였다. 일본의 종교와 예술, 문화 곳곳에 그의 손길이 남아 있다.

835년, 그는 고야산 오쿠노인奧之院에서 입적했다. 하지만 일본의 불교 신자들은 그가 단순히 죽은 것이 아니라, 깊은 선정에 들어 아직도 살아 있다고 믿는다. 그래서 지금도 고야산에서는 매일 코보 대사에게 공양을 차려 올린다. 거기에는 그가 잠시 눈을 감고 있을 뿐, 여전히 함께하고 있다는 믿음을 담고 있다. 942년, 다이고 천황은 그에게 '코보 대사'라는 시호를 내렸다. 일본인들은 친근함을 담아 그를 오다이시상お大師さん이라 불러왔다.

순례의 기원

824년, 부자 에몬 사부로衛門三郎는 집에 찾아와 탁발을 청하는 객승을 빗자루로 쳐서 쫓아 버렸다. 승려의 그릇은 여덟 조각으로 깨져 사방으로 튀었다. 그 다음날부터 그의 여덟 아들이 차례차례 모두 죽었고 그는 깊은 슬픔에 잠겼다. 어느 날 꿈에 코보 대사가 나타나 "너의 죄로 아이들이 숨졌으니 시코쿠 사원을 순례하면 참회가 이루어진다."고 했다. 자신이 내쫓은 객승이 코보 대사라는 것을 깨닫고 후회한 에몬 사부로는 용서를 구하러 대사의 뒤를 쫓아 시코쿠 섬을 시계 방향으로 돌기 시작했다. 스무 번을 돌아도 만나지 못하자 스물한 번째는 반대 방향으로 걷다가 결국 12번 절 쇼산지焼山寺 앞에서 쓰러졌다.

그때 코보 대사가 나타나 그의 죄를 용서하고 소원을 묻자 "이요국 고노가河野家로 다시 태어나고 싶다."라고 부탁하고 숨을 거두었다. 코보 대사는 돌에 '에몬 사부로 재래衛門三郎再來'라고 쓴 돌을 쥐어 주고, 환생을 기원했다. 얼마 지나지 않아 고노가에 손을 펴지 못하는 아이가 태어났다. 51번 절 안요지 스님의 기도로 아이의 손이 펴지자 그 손에서 '에몬 사부로 재래'가 적힌 돌이 나왔다. 에몬 사부로가 다시 태어난 것이다. 이때부터 절 이름을 이시테지石手寺로 바꾸었고, 이 돌은 지금도 이시테지에 있다. 에몬 사부로의 순례가 시코쿠 순례의 기원이라고 하며, 에몬 사부로는 최초의 오헨로상으로 존경받고 있다.

전통 순례법

절에 들어설 때는 늘 산문山門 앞에서 두 손을 모으고 고개를 숙인다. 이곳에서는 발걸음 하나도 조심하게 된다. 입구에 있는 미즈야水屋라 불리는 곳에서 손과 입을 씻는다. 차갑고 맑은 물이 잠시 길의 피로를 씻어내 주고 몸과 마음을 깨끗하게 정화시켜 준다.

(우리는 그곳의 안온한 정적을 깰까 봐 잘 치지 않았지만) 종루에 걸린 큰 종을 울리면, 낮은 울림이 사찰 안으로 번져 나간다. 본당에 들어가서 자신의 이름을 적은 납찰을 상자에 넣고 향을 피우고 새전(헌금)을 바친다. 촛불이 타오르고, 짧은 독경이 이어진다. 이어지는 대사당大師堂에서도 같은 마음으로 예경을 올린다.

마지막으로 납경소納経所에서 납경장納経帳에 붉은 도장과 묵서를 받는다. 책 속에 쌓여 가는 도장은 길 위의 나날을 기록하는 또 하나의 발자국이 된다. 절을 떠날 때는 처음처럼 다시 산문 앞에서 합장한다.

순례자의 차림

시코쿠 순례길 위에서 가장 눈에 띄는 건 흰옷이다. '하쿠이白衣' 또는 '오이즈루笈摺'라고 불리는 이 순례복은 단순한 흰옷이 아니라 번뇌를 벗어나 새로 태어나겠다는 다짐이 담겨 있다. 머리에는 둥근 삿갓을 쓰는데, 햇볕과 비를 막아주면서도 그 표면에는 코보 대사를 상징하는 글귀가 적혀 있다.

순례자의 손에는 염주와 그들의 발걸음을 돕는 금강지팡이가 들려 있다. 이는 단순한 지팡이가 아니라 코보 대사의 화신이라 여겨진다. 그래서 순례자들은 지팡이를 함부로 내려놓지 않는다. 다리를 지날 때는 바닥에 닿지 않게 하고, 숙소에서도 조심스럽게 다룬다.

그 밖에도 작은 종과 독경책, 그리고 납경소에서 도장을 받는 납경장을 가지고 다닌다. 길을 걸으며 이 물건들을 마주할 때마다, 우리가 단순한 여행자가 아니라 오랜 전통을 이어 걷고 있다는 사실을 새삼 느끼게 된다.

길 위의 가르침

순례자들은 '동행이인同行二人'이라는 말을 자주 쓴다. 나 혼자가 아니라, 코보 대사와 함께 걷는 또 다른 발걸음과 동행한다는 믿음이다. 그래서 길이 힘들고 지쳐도, 불평보다 수행의 기회로 삼는다. 번뇌를 내려놓고, 발걸음을 따라 마음도 조금씩 정리되기를 바라는 마음으로.

걷다 보면, 사람의 마음이 어디를 향하고 있는지 문득 돌아보게 된다. 시코쿠 순례에서는 '삼신조三信条'의 가르침이 길 위에 살아 숨 쉰다. 이는 진리 그 자체를 드러내는 법신法身, 자비로 세상에 나타나는 보신報身, 그리고 중생 곁에서 손 내밀어 돕는 화신化身을 말한다. 순례길에 끝없이 이어지는 바다와 산맥은 법신처럼 진리의 넓이를 보여주고, 오래된 절집의 불상은 보신처럼 수행과 깨달음의 결실을 말해 준다. 그리고 길가에서 건네는 작은 손길 하나, 물 한 모금, 따뜻한 미소는 화신이 되어 지금 이 순간의 나를 살핀다.

또한 순례길은 '십선계十善戒'를 몸으로 배우는 시간이다. 살아 있는 생명을 존중하고, 남의 것을 탐하지 않으며, 거짓말하지 않고, 험담하지 않으며, 욕심이나 분노에 흔들리지 않는 삶. 이 계율들은 책 속 규율이 아니라, 길 위에서 자연스럽게 새겨지는 태도이다. 작은 풀꽃을 밟지 않으려 조심하는 발걸음, 길 위에서 나누는 인사와 배려, 혼자 있는 순간에도 마음을 고요히 하려는 노력. 모든 것이 십선계의 다른 이름처럼 느껴진다.

걸음마다 '삼신조'와 '십선계'를 실천하며, 길 위의 순례자는 자신도 모르게 조금씩 달라지는 것을 느낀다. 특별히 의식하지 않아도 코보 대사와 함께 걷는 '동행이인'의 정신 속에서 부처의 몸과 계율의 가르침을 배우게 된다.

순례의 방법

전통적으로 도보 순례가 일반적이었으나, 최근에는 자동차를 이용한 순례가 대다수를 차지한다. 실제로 전체 순례자 중 약 95퍼센트가 자동차나 투어버스를 이용해 순례를 진행한다고 알려져 있다. 순례자의 고령화와 높은 산지에 위치한 절의 장소성 때문일 것이다. 도보 순례의 경우 45일 이상, 자동차 순례는 10일 정도 소요된다. 우리는 800킬로미터를 온전히 발로 걸은 산티아고 순례와 다르게, 시코쿠에서는 도보 순례를 기본으로 자전거 순례, 대중교통 순례, 렌터카 순례 등 다양한 방법을 활용했다.

시코쿠 순례길에서는 다양한 숙소 형태를 만날 수 있다. 순례자의 선택과 체력, 일정에 따라 각기 다른 경험을 제공한다. 슈쿠보宿坊는 절에서 운영하는 숙박 시설이다. 절에서 제공하는 2식과 공동 목욕탕을 이용하며, 종교적 의식인 독경이나 설법에 참여할 수 있다. 불상과 장식품을 가까이에서 감상하며, 하루를 조용히 마무리할 수 있는 장점이 있다. 민박民宿은 저렴한 가격에 다다미방과 식사를 제공한다. 지역 주민들과 교류하며 마을 풍경과 일상을 가까이에서 체험할 수 있어서 좋다. 돈을 아끼거나 루트를 최단거리로 하기 위해서는 순례자들이 비바람을 피할 수 있게 만들어 놓은 쉼터인 젠콘야도善根宿를 무료로 이용할 수도 있다. 료칸旅館이나 비즈니스 호텔, 온천 등 길 위에서 만나는 다양한 숙소를 섞어 체험하면 일본의 다양한 문화를 경험할 수 있다.

차례

봄날의 고치

겨울날의 도쿠시마

가을날의 카가와

여름날의 에히메

겨울날의 도쿠시마

우동 국물 수도꼭지를 찾아서

겨울, 도쿠시마현으로의 첫 여정을 준비하던 주말. 아침밥을 먹다가 엄마가 뜬금없이 산티아고 이야기를 꺼냈다.

"산티아고길에 있던 이라체Irache 수도원 기억나지? 수도원 입구 옆 담장에 와인이 나오는 수도꼭지가 달려 있었잖아."

"맞아요. 애순이 아줌마랑 컵에 따라 마시다가, 음주 순례도 단속에 걸리는 거 아니냐면서 웃었잖아요. 나중에 한국 순례자들이 병에 하도 많이 담아가서 몸살이랬는데, 지금도 여전히 나눠주고 있나 몰라요. 그러고 보니 엄마가 와인에 맛들이기 시작한 것도 그 공짜 수도꼭지 때문 아니었어요? 그 수도원한테 고마워해야 된다니까요."

"그건 저녁 식사 때마다 순례자 메뉴에 한 병씩 따라 나오던 와인 때문이지. 그나저나 다카마쓰 공항에는 우동 국물이 나오는 수도꼭지가 있대. 공항에 내리면 들러볼까?"

"와인 수도꼭지랑은 영 느낌이 다른데요? 상상이 잘 안 되지만 한번 가 봐요. 그런데 맛이 별로이지 않을까요?"

서울의 기온이 영하 15도를 가리키던 1월, 우리나라에서 비행기로 시코쿠에 가는 관문인 다카마쓰 공항에 도착했다. 다카마쓰가 있는 카가와현은 마루가메, 사누키 등 카가와현의 지명을 붙인 우동으로 잘 알려진 지역. 다카마쓰 공항에서 기차로 도쿠시마까지 이동하기로 했다. 비행기에서 내리자마자 우리를 맞이한 현수막에 적힌 '예술의 성지 카가와에 오신 것을 환영합니다'라는 멘트가 무색하게 다카마쓰 공항 국제선 청사는 시골 버스터미널 같았다. 건물 크기가 작아서일까, 벽에 붙은 빛바랜 포스터와 고즈넉한 바깥 풍경 때문일까. 거기에 입국장에 들어선 관광객들의 왁자지껄한 소리가 더해지자 금세 어릴 적 시골 대합실 풍경이 완성되었다. 관광 버스를 타러 가는 한 무리의 관광객이 지나가고 나서 우리 셋은 우동 국물 수도꼭지를 찾기 시작했다.

하지만 쉽지 않았다. 삿갓을 쓴 순례자 모양의 탈의실 픽토그램도 있었고, 이상하게 자꾸 눈길이 가는 캡슐 뽑기 기계들도 늘어서 있었지만 우동 국물 수도꼭지 표시는 영 찾을 수가 없었다. 버스를 놓칠까 봐 조급해진 마음에 보안 요원에게 문의했더니 2층 출국장 앞으로 가 보란다. 계단을 올라가니 우동 국물을 들고 대합실 소파에 삼삼오오 앉아 있는 사람들이 보였다. 부대시설도 없는 작은 공항에 미리 도착해 할 일이 없는 사람들에게 우동 국물 한 그릇은 효과 만점이었을 터다. 결국 향토 전시장 구석에서 주방 싱크대같이 만들어놓은 우동 국물 수도꼭지를 찾았다. 의심스러운 눈빛으로 국물을 컵에 따랐다. 황당하게도 꽤나 맛있었다.

"엄마, 아빠, 이거 감칠맛이 차원이 다른데요? 우동 버스 투어와 우동 학교로 관광객들을 끌어들이려는 한 수 같아요."

"이거 좋은 아이디어다. 어디 갈 때 집에서 끓여서 보온병에 넣어가도 좋겠는데?"

"산티아고 순례길에서 라면 스프를 영업용 벌크로 사 와서 가지고 다니던 한국 아저씨가 생각났어요. 그 가루를 조금 빌려서 라면맛 수제비를 해 먹었잖아요."

"그런데 아들, 재미있다. 산티아고에서는 길 위에서 '여기는 관악산 어느 능선 같고, 저기는 제주도 올레길 같다'고 했는데, 여기서는 서울이 아니라 산티아고를 찾고 있네."

그렇게 셋이서 수다를 떨며 우동 국물을 한 컵 들이키다가 하루에 몇 대 없는, 시내로 나가는 버스를 놓칠 뻔했다. 이제 산티아고의 추억과 서울의 바빴던 삶과는 잠시 결별할 시간. 순례길행 버스 대신 우동 투어 버스에 타고 싶지만, 우선은 맘먹은 대로 순례자가 되어 보기로 한다. 오랜만에 엄마와 걷는다. 아빠와는 더 오랜만이다. 우리와 다른 나라의 다른 종교 순례길 위에서, 설레고 두렵고 모든 게 새로운 첫걸음을 뗀다.

겨울날의 도쿠시마

겨울날의 도쿠시마

순례의 시작

1번 절 료젠지靈山寺로 가기 위해 제일 가까운 반도역에 내렸다. 간이역 같은 시골 역사에 내리면서 산티아고 순례의 시작지인 생장피에드포르역이 떠올랐다. 하지만 다르다. 전 세계에서 온 사람들로 북적이던 남프랑스 간이역의 추억과 다르게, 시작부터 기대를 내려놓으라는 계시인지 열차에서 내린 건 우리 셋뿐이다. 플랫폼에도 역사 근처에도 아무도 없다. 기차가 떠나고 나니 적막만 감돈다.

잘못 내린 건 아닐까 당황하며 출구 쪽으로 걷는데, 뒤에서 걷던 아빠가 역 게시판에 붙은 빛바랜 포스터를 발견하고 우리를 부른다. 원래는 검정색이었을 자주색으로 적힌 '시코쿠 88개 사찰 순례 안내' 제목 아래에 왼쪽에는 기초 지식이, 오른쪽에는 사진과 글로 절에서 참배하는 방법이 적혀 있다. 한자에 약한 내가 번역 어플리케이션을 켜려는데 핸드폰을 들기도 전에 엄마 아빠가 왼쪽의 기초 지식 부분을 술술 한국어로 번역해서 읽기 시작했다. 산티아고에서 통역에 짐꾼까지 도맡았던 나는 이제 없다. 한자 통역사 엄마와 엄마 배낭 전문 짐꾼 아빠가 함께하니까!

"십선계는 불교의 열 가지 계율로, 마음과 몸을 바르게 하여 올바르게 살아가는 것을 말한다네."

"불살생, 생명을 죽이지 말 것. 불투도, 훔치지 말 것. 불사음, 간음하지 말 것. 불망어, 거짓말하지 말 것."

"아니, 천주교의 십계명이랑 비슷하네요?"

"이어서, 꾸며서 말하지 말 것, 욕하지 말 것, 이간질하지 말 것, 탐내지 말 것, 화내지 말 것, 그릇된 견해를 가지지 말 것."

"거의 똑같은 것 같은데. 두 종교가 담합이라도 했나?"

반대쪽에 적힌 순례 순서는 유사점이 더했다. 첫째, 산문山門에서 합장하고 인사. 둘째, 정화수로 손과 입을 씻기. 이어서 종을 울리고 본당 참배를 시작. 헌금함에 동전을 넣고 향 피우기. 등불을 올리고 경전 읽기. 여기까지 읽던 아빠가 운을 뗀다.

"성당 입구의 성모상 앞에서 인사하고, 성당에 들어갈 때 성수 찍어 이마에 바르고, 미사 때 종 치고 헌금하고 독서하는 거나 불교 순례나 다를 게 없네. 불교와 천주교가 겉보기에는 달라 보여도 들여다보면 종교는 다 똑같나 봐."

스페인어보다 더 생경한 한자와 사람 없는 이 동네의 고요함, 잘 알지 못하는 불교에 대한 걱정, 봄에 출발했던 산티아고와 달리 코끝 시린 겨울의 찬기까지 더해져 시코쿠에서의 첫 발걸음이 무겁기만 했는데, 잘 읽히지도 않던 순례 안내를 아빠의 코멘터리 버전으로 들으니 잔뜩 긴장했던 맘이 조금은 풀린다. 서른 해를 집처럼 드나든 성당에 놀러가는 기분으로, 감사하는 마음을 담아서 여든여덟 개의 절에 들어가야지.

✳

반도역에서 출발해 발밑의 화살표를 따라 한적한 주택가를 10분 정도 걸으면 순례를 시작하는 1번 절 료젠지가 나온다. 절 앞의 상점에서 순례용품을 샀다. 순례의 기본 의상은 흰 의상과 금강지팡이, 삿갓이라고 한다. 아빠는 빼고 엄마와 나만 삿갓과 흰색 조끼 모양의 순례 복장인 오이즈루를 샀다. 코보 대사의 영이 깃들어서 순례 중에 조심히 모시고 다녀야 한다는 금강지팡이 대신 산티아고 때 들고 갔던 등산 스틱을 꺼냈다. 아끼는 마음으로 대하면 나무 지팡이나 경량 접이식 등산 스틱이나 같을 거라 생각하면서. 88개 절에서 각각 도장과 묵서를 받아 순례의 징표로 사용할 납경장과, 순례의 명함 역할을 해주는 납찰도 샀다. 납찰에 이름과 소원을 적어서 절에 들를 때 헌금과 함께 넣기도 하고, 순례자들끼리 명함처럼 주고받기도 한다. 천주교의 묵주같이 불교 신자임을 나타내는 염주와, 신부님 영대처럼 오이즈루 위에 걸치는 와게사는 사지 않았다. 삿갓과 흰 옷으로 불교에 대한 예의는 갖추되, 우리 종교에 대한 예의도 지키는 선을 셋이 고민하며 결정한 결과다.

삿갓과 오이즈루를 걸치고 납경장을 손에 들었더니 순식간에 순례자로 변신했다. 혼자 순례자 복장을 입지 않은 아빠가 우리 사이에 서니 영락없는 로드매니저의 모습이다. 순례복을 입은 엄마가 조금 긴장한 것 같았지만, 산티아고 출발 때보다는 아무럼 다년차 순례자의 표정이 보였다. 88번 절까지 모두 순례를 마치면 다시 이 자리에 돌아와야 한다. 비포 애프터 사진을 찍자며 절 앞의 순례복 입은 마네킹 앞에서 엄마와 둘이 선다. 아빠라는 전용 사진사가 생겨서 시간 제한 없이 맘 놓고 여유 부리며 사진기에 담긴다. 엄마 보디가드에 우리 로드매니저에 텍스트 번역가에 사진사까지, 일인다역 아빠와의 순례도, 이 자리로 다시 돌아와야 하는 루트도 참 새롭다.

✳

시코쿠 순례는 어떻게 보면 게임 같기도 하다. 번호를 따라 순서대로 1번부터 88번까지 도달하고 다시 제자리로 돌아오는 것과 네 개의 스테이지(도쿠시마, 고치, 에히메, 카가와)와 네 개의 미션(발심, 수행, 보리, 열반의 도장)으로 나뉘어 각기 다른 감정의 미션을 주는 것이 그렇다. 가상의 게임을 켜고 중세 서양 맵을 지우고 일본 맵으로 바꿔서 캐릭터를 다시 고르는 장면을 상상한다. 좀 더 잘 걸을 법한 캐릭터로, 살도 좀 빠지고 근육이 더 붙은 버전으로 골라서 머릿속 출발지에 세운다. 언어 능력도 넣으면 좋겠지만, 양 옆에 인간 번역기가 있으니 괜찮다. 첫 번째 관문은 '발심發心'. 마음이 움직여 길을 걷기로 다짐하는 단어에 맞춰 내 마음을 움직여 본다.

2번 절 앞의 순례용품이 더 싸다고 우스갯소리를 하며 지나가는 할

머니 순례자와 인사를 나누고, 료젠지의 영내로 걸어 들어갔다. 합장을 하며 예를 갖추고, 정화수로 손과 입에 물을 묻혀 마음을 씻는다. 조금 헤맸지만 본당 앞에서 종을 치고, 헌금을 넣고 기도를 올린다. 납경소 표지판을 따라가서 300엔을 내고 납경장에 첫 도장과 붓글씨 사인을 받는다. 알베르게에서 하루에 고무도장 하나를 찍어 주던 산티아고의 크레덴셜(순례자 여권)과 다르게, 먹을 직접 갈아 쓴 붓글씨와 인주로 찍히는 무거운 옥도장이 내 납경장에 새겨지니 괜히 자세를 다잡게 된다. 허리를 펴고 공손한 자세로 납경장을 돌려받는다.

납경장을 들고 밖으로 나왔는데, 엄마도 나도 영 어색함이 가시지 않는다. 납경도 안 받은 아빠만 부담이 없는지 태평하다. 이 과정을 여든여덟 번을 반복하고 다시 이 자리에 돌아와야 한다. 목적지를 향해 가는 게 아니라 다시 돌아오는 것. 목표 지점이 지금 내가 딛고 있는 이 자리인 것. 굳이 발을 안 떼면 이미 도착인 이 자리에서 1200킬로미터 순례를 위한 첫걸음을 어렵사리 뗀다. 잠시 동안 전혀 모르는 게임 맵 속의 캐릭터가 된 것처럼, 잘 알지 못하는 문화와 역사와 언어 속에 우리를 던져 보기로 한다.

기숙사 배정식

일본의 해질녘 풍경은 아직도 적응이 잘 되지 않는다. 우리나라와 같은 표준시를 사용하기 때문에 시간은 같지만, 더 동쪽에 있는 일본은 우리보다 해가 더 일찍 뜨고 일찍 진다. 겨울에 도쿄는 오후 네 시 반이면 해가 지고, 시코쿠도 다섯 시면 진다. 게다가 산 속을 걷고 있으면 체감 일몰 시간은 더 빨라진다. 서울보다 한 시간은 빠른 일몰 때문인지, 사찰 운영 시간도 오후 다섯 시까지다.

문 닫는 시간 때문에 마음이 급해지는데, 4번 절 다이니치지大日寺로 향하는 산길로 접어들자 이미 어둑해진 하늘이 우리를 보챘다. 하지만 우리의 짧은 다리가 어디 가겠는가. 예상 시간을 한참 넘겨, 절이 문 닫는 오후 다섯 시가 다 되어 4번 절에 도착했다. 납경장에 도장을 찍지 못하면 내일 또 이 거리를 걸어와야 한다는 마음에 부리나

케 납경만 받고 돌아나서는 마음이 무겁더니만, 한참을 걸어나오는 데 직원분이 뛰어나오며 엄마의 납경장을 들고 흔든다. 달려가 인사하고 납경장을 받아들고는, 셋 다 머쓱한 웃음을 지었다.

"내 정신 좀 봐. 저 분들이 한국 사람들은 빨리빨리 다닌다고 한마디 하겠다. 그래도 서울부터 환갑 노모가 걸어서 간신히 왔는데, 이건 스님이 아니라 부처님도 이해해 주셔야 돼."

"엄마, 자꾸 노모, 노모 하지 마요. 진짜 노모가 들으면 어쩌려고."

"옛날이었어 봐라. 내 나이면……."

"아이고, 그만. 손주가 대롱대롱, 목숨이 달랑달랑 금지예요. 자칭 노모는 100살부터 하세요!"

아빠는 늘 아무 말 없이 우리의 티격거림의 목격자일 뿐이다. 절에서 붓글씨를 쓰려고 갈아 놓은 먹을 새파란 울트라마린 물감에 확 부어버린 것처럼 깊어진 겨울 밤하늘에 별이 뜨고서야 첫 숙소에 도착했다.

마당에 나무 입간판이 세워져 있는데, 이름이 인상적이다. 여행자 숙소 미치시루베旅人の宿 道しるべ. '이정표'라는 뜻인데, 밤길을 헤매다 찾아온 순례자들에게는 머무는 장소일 뿐 아니라 마음의 방향도 찾아 줄 것만 같은 이름이다. 춥고 배고파서였겠지만, 숙소에 들어가기 전부터 마음이 조금 따뜻해진다.

✳

혼자서 이 숙소를 관리하는 것 같은 주인장이 밥부터 먹고 올라가라며 식당으로 우리를 안내한다. 산티아고 첫날, 오리손 알베르게에서 《해리 포터》의 마법학교 호그와트의 연회장처럼 길게 앉아 서로 소개하던 분위기는 없다. 우리 말고는 일본인 부부 한 쌍만 조용히 식사하고 있을 뿐. 산티아고만 생각하고 내 마음대로 챙겨 온 흥을 어디에 둬야 할지 모르겠다. 우리나라의 꽃게 된장찌개 같은 게전골에 첫날 긴장했던 근육들이 녹는 기분이다. 식사가 마무리될 때까지, 건너편 부부의 소리는 거의 들리지 않는다. 대화를 안 하는 게 아니라, 조용히 하는 거겠지. 테이블 건너 모두가 친구가 되던 산티아고를 그리워하다가, 얼른 잊어야지, 마음을 다잡는다. 입대 첫날 기분이 이랬던가?

주인장이 우리가 머물 방을 안내해 준다고 다시 식당으로 들어왔다. 해리 포터 키즈인 나는 저녁을 먹으며 우리 셋이 호그와트의 각기 다른 성격을 지닌 기숙사에 배정되는 모습을 상상했다. 밤마다 폼보드로 뚝딱 강의 자료를 만들어내는 아빠는 창의적이고 호기심이 많으면서도 학문을 중시하는 래번클로겠지. 누구와도 잘 어울리면서 타인을 돕는 데 인색하지 않고 성실하고 공정한 후플푸프에는 엄마가 가는 게 맞겠다. 어릴 적부터 당연히 나는 그리핀도르라고 생각했는데, 그때의 용기와 결단력이 남아 있을까? 내가 외치던 정의는 가짜는 아니었을까? 갑자기 작아지는 기분이 든다. 작품 속에서는 야비하게 나오지만, 야망과 목표를 향해 끝없이 움직이는 슬리데린이 오히려 나를 위한 기숙사일지도 모르겠다. 아니, 슬리데린 학생들이 품는 거대한 야망과 원대한 꿈이 나에게 아직 남아 있나? 식당의 고요함이 나를 또 상상의 나라로 보내 버린다.

2층 침대가 놓인 8인실, 16인실, 50인실, 100인실에서도 묵었던 산티아고 순례에서는 숙소에 들어갈 때마다 기숙사 배정식을 상상하지 않은 적이 없었다. 매일 새로운 사람들의 코 고는 소리에 잠을 설치곤 했고, 평생 타인과 방을 써 본 적 없는 엄마마저 나중에는 침대 난간에 속옷을 널어 놓고 커튼도 된다며 웃었다. 왁자지껄하던 우리의 지난 여행을 떠올리며 계단을 올랐다. 하지만 반 층을 올라 도착한 복도에는 방이 달랑 두 개. 큰 방에는 엄마와 아빠, 작은 방에는 나 혼자 묵으란다. 해외 여행을 갈 때 엄마 아빠의 프라이버시를 존중한다는 명목으로 방을 꼭 따로 잡던 나는 어디 갔는지, 100인실 숙소의 2층 침대에서 아래층에 자고 있는 엄마가 깨지 않게 사다리 소리 안 내고 내려가기 도사가 되었던 순례자 모드의 나만 남았다. 웬일인지 방을 나눠 들어가는 게 서운했다는 이야기다.

✳

어릴 때부터 혼자 방을 쓴 게 무색하게 세상 혼자 된 기분으로 방에 들어와 짐을 푸는데, 내 방에는 코타츠*가 없다. 우리 가족이 사랑하는 드라마 《노다메 칸타빌레》에 나오는 주인공 노다메의 코타츠가 엄마 아빠 방에만 있다는 이유로, 지도와 귤 봉지를 들고 옆방으로 건너가 저녁 시간을 보냈다.

---

* 일본의 겨울철 난방 기구. 낮은 탁자에 전열 기구를 설치하고 두꺼운 이불을 덮어, 그 안에 들어가 따뜻함을 유지한다.

추워서일 거다. 길 위에서 한참을 투덕거려 놓고도, 코타츠에 셋이 발을 넣고 앉아 귤을 까먹으며 이야기하는 풍경이 어색하지 않다. 옛날부터 그래왔다는 듯 익숙하게 같이 추위를 녹이고, 내일을 살핀다. 돌아온 내 방은 냉기가 가득하다. 단지 코타츠가 없어서일까. 거의 하루를 부모님과 꼬박 붙어 있고서 드디어 내 프라이버시 타임인데, 무슨 일인지 적적하다. 매일 수십 명이 어울리던 산티아고 순례자 모드를 벗고, 나와 마주하는 고독한 시코쿠 순례자 모드를 장착해야 하는 시간. 사운드가 비는 이 시간들을 어색해하지 않고, 사색하고 사유하는 시간을 보낼 수 있을까. 발심의 도장에서 '나를 만나는 행동'부터 시작해 봐야겠다. 이번 순례에서는 친구가 아니라, 엄마가 아니라, 나를 만날 수 있을까?

센빠이 아리가또

　새벽 다섯 시 반, 동이 트기도 전에 핸드폰 알람 소리에 눈을 떴다. 온돌이 없는 방이라 코끝이 시리다. 옆방의 부모님이 깨실까 봐 얼른 알람을 끄고 옷을 입는다. 우리 집 기상 순서 부동의 꼴찌를 30년 넘게 지켜왔지만, 오늘만큼은 예외다. 도쿄에서 승훈 선배가 시코쿠에 오는 날이기 때문이다.

　기억을 더듬어 보면, 《엄마는 산티아고》가 이어 준 인연이다. 내가 브랜딩한 카페에서 책에 실린 엄마의 꽃 그림과 내가 찍은 사진으로 작은 출판 기념 전시회를 열고 있을 때였다. 친구들이 오기로 해서 카페에 나갔더니, 내가 비올라 멤버로 활동하던 오케스트라의 지휘자 찬 형이 낯선 사람과 함께 와 있었다. 미국에서 온 선배라며 소개해

주었는데, 알고 보니 찬 형과 나, 그리고 선배가 모두 같은 대학교 오
케스트라 출신이었다. 학번 차이가 나서 함께 연주한 적은 없지만, 반
가운 마음에 연락처를 주고받았다. 얼마 지나지 않아 미국에서 연락
이 와서 프로젝트를 함께했고, 몇 계절 후 선배는 미국에서 일본으로
이직했다. 그 후로는 더 다양한 디자인 프로젝트를 함께하게 되었고,
덕분에 나도 도쿄의 직장인 오케스트라에 가입해 서울과 도쿄를 오
가며 연주도 하고 있다.

　며칠 전, 선배가 도쿠시마대학교에 일이 생겼다며 연락했는데, 나
도 여행 준비에 바빠서 메시지 확인만 하고 잊고 있었다. 그런데 어
제 다시 연락이 왔다. 일본에 잘 도착했느냐는 안부 인사와 함께 우리
가 예약한 숙소 이름을 물어보더니, 출장이랑 날짜가 겹쳤다며 잠깐

들르겠단다. 미국에서 장거리 운전에 지쳐서 일본에서는 절대로 운전을 안 한다고 하던 선배라, 이런 시골에 대중교통으로 오는 건 무리라고 생각했다. 하지만 결국 선배를 못 이기고 새벽 다섯 시 반에 알람을 맞춰 두고 잠들었다. 일찍 준비한다고 했는데도, 외투를 걸치고 나가 보니 이미 어둠 속에서 핸드폰 불빛이 어스름하게 보인다. 눈이 일찍 떠져서 순례하는 셈치고 반도역부터 걸어왔다는 선배의 몰골은 벌써 하루 순례를 마친 순례자 같다. 선배를 다시 역까지 배웅하려고 같이 걸으며, 괜히 잔소리를 한다.

"아, 선배. 그러니까 운동 좀 하셔야 된다니까요. 그러다 일찍 가세요."

"안 그래도 아프리카나 인도 같은 소수 언어 연구 관련 필드워크 대상지들이 위험해서, 언제 가도 그럴 수 있다 하고 살고 있지."

"말이라도 그러지 마세요. 그런데, 그런 곳에 프로젝트 같이 하자고 나를 데려간 거예요? 난 그런 줄도 모르고 갔다 왔네, 참."

"그때는 치안이 괜찮았는데, 갑자기 시위대가 세력 확장을 했대. 안 그래도 인도 시킴대학교 쿤장 교수한테 연락이 왔는데, 네가 거기 전통 민요를 오선지 악보로 채보해 준 것을 지금도 잘 쓰고 있대. 다음에 와서 역대 지도자 초상화를 그려 줄 수 있냐고 하던데."

"아니, 언어학 총서 디자인하고 첫 책 인터뷰하러 간 건데. 이건 뭐, '무엇이든 해 드립니다' 광고도 아니고! 거기는 반군이 있다면서요. 무리예요, 무리!"

"그래도 오랜만에 한국말을 하면서 걸으니까 좋다. 나중에

'선배는 칸첸중가?' 이런 건 어때?"

"아니, 거긴 다시 안 간다고요. 그리고 저 다리 짧아서 '엄마는' 시리즈로만 걸어도 한세월이에요."

운동하라고 한마디했다가 선배와 칸첸중가까지 갔다 올 뻔했다. 승훈 선배는 소수 언어를 연구하는 언어학자이다. 도시화와 교통, 인터넷 발달 등으로 사라져 가는 소수 언어를 연구하고 기록한다. 내가 필드워크를 따라가서 현장을 보고 나서야, 인생에서 몇 안 되는 '진짜 어른'으로 인정하게 된 사람이다. 현지 소수 언어 화자들을 연구에만 써 버리는 1세계 연구자들과는 다르게, 선배는 방학이면 그 오지에 가서 그들과 함께 산다. 악기를 연주할 수 있다는 장점을 살려 현지 전통 악기로 함께 연주하기도 하고, 아이들과 놀아 주다가 새로운 조카가 몇 명이나 생기기도 한다. 가끔은 현지 화자들과 연구자들을 위한 자리를 만들어 일본으로 초청하기도 한다. 좋은 뜻으로 함께 이런저런 프로젝트를 하다 보니 잊고 있었는데, 다시 글로 적어 보니 참 대단한 사람이다. 운동으로 걷는 것은 이렇게 힘들어하면서, 어디서 에너지가 나오는지 도쿠시마대학교 가는 길에 시코쿠 순례길까지 이 새벽에 와 준 거다.

역까지 채 못 갔는데 두 갈래 길에서 선배가 어서 돌아가란다. 시계를 보니 곧 아침 먹고 출발할 시간. 티격태격하느라 아침부터 진이 빠졌다고 볼멘소리를 하며 선배를 보내고 숙소로 돌아왔다. 선배가 주고 간 쇼핑백을 열어보니, 과자와 초콜릿, 센베가 가득 든 지퍼백 세 개와 엽서가 들어 있었다. 지퍼백 위에 붙은 견출지에는 '어머님', '아버님', '원대한'이라고 적혀 있다. 모양은 딱, 지방으로 관광버스 대절

해서 결혼식 갈 때 혼주가 챙기는 간식 파우치다.

 "엄마, 순례자한테 작은 먹거리나 돈을 주는 건 곧 부처님한
테 드리는 거래요. 그걸 '오셋타이'라고 한다네요."
 "나도 그거 읽었지. 선배가 오셋타이 주러 고생해서 왔나 보
다. 고맙네."

 셋 다 마음 써 준 선배와 투박한 핸드메이드 오셋타이 파우치에 한
마디씩 덧붙이며 웃고 말았다. 결과물의 투박함은 총점에 반영되지
않는다. 100점짜리 핸드메이드 오셋타이를 고맙게 잘 받았다. 아까
워서 어떻게 먹나 싶다. 그리고 선배가 어떻게 소수 언어를 지켜 가며
사는지, 조금은 알 것만 같다. 관심과 애정이다. 아끼는 것에 대한 애
정 어린 시선과 주춤거리지 않는 행동. 조금 먼 거리일지라도, 시간이
걸릴지라도 움직이고 보는 몸과 마음. 엉덩이 무거운 내가 선배에게
배울 점이자 엄마에게도, 아빠에게도, 친구를 대할 때도 장착해 놓고
사용하고 싶은 기능이다.
 엄마가 외쳤다. 《노다메 칸타빌레》의 주인공 우에노 주리가 자기
집에 벨트를 놓고 간 선배에게 달려가며 외치던, 그 개구쟁이 말투로.

 "센빠이, 아리가또~."

사토 씨네 집

어제 묵었던 미치시루베에서 출발해 제1차 세계대전 당시 독일군 포로수용소의 역사를 담은 독일관을 지나 5번 절 지조지地蔵寺, 6번 절 안라쿠지安楽寺, 7번 절 주라쿠지十楽寺, 8번 절 구마다니지熊谷寺, 9번 절 호린지法輪寺, 10번 절 기리하타지切幡寺까지 들렀더니, 어느새 넘어가는 해 그림자가 우리 가족을 롱다리로 만든다. 20킬로미터 남짓한 구간 안에 촘촘히 들어선 사찰 여섯 곳을 하루에 도는 강행군. 이 기세라면 2주 안에 88개 사찰을 다 도는 것도 가능할 것 같지만, 시코쿠 순례 지도 위에 펼쳐진 사찰 번호 밀도를 보면 이렇게 조밀한 구간은 오늘이 마지막이다.

그나저나 '나를 찾는 길'이라더니, 정말 나만 찾다 가게 생겼다. 평일이라 그런지 마을 사람들은 모두 일을 나간 듯하고, 절들을 잇는 시골길에서 우리를 반기는 건 마당 개들과 해바라기 중인 고양이들뿐이다. 절에서 만나는 순례자들도, 도장을 찍어 주는 직원이나 스님들도 대체로 말이 없다. 절 계단에서 마주칠 때면 "곤니치와." 인사만 주고받는 게 전부다. 산티아고길 위에서 "부엔 카미노." 뒤로 이어지던 이야기들이, 여기서는 "곤니치와."와 "아리가토 고자이마스." 두 마디로 갈음된다.

민가도 없는 논밭을 지나던 중 만난 허름한 우동집. 튀김 부스러기가 잔뜩 얹힌 우동 한 그릇과 모시떡 하나가 오늘의 점심이다. 배는 고프고, 길은 지루하고, 길 위의 말수는 적다 보니 빈 말풍선 사이를 생각들이 채운다. 순례를 하겠다고 출발해 놓고 아직도 나는 그냥 도보 여행자의 마음이었던 건 아닐까? 타종교의 순례길을 너무 가볍게 생각한 건 아니었을까? 이런저런 생각을 하며 하루를 걸었다. 셋이어서 더 그랬던 것 같다. 앞에서 엄마와 아빠가 나란히 걷고 있으면, 나는 자연스레 한 발짝 뒤에 서게 된다. 말풍선이 비어도, 걸음 간격이 벌어져도 어색하지 않은, 둘이 아닌 셋의 걸음에 익숙해지는 중인 거겠지.

✳

오늘의 숙소는 고민가 숙소 사토야마베古民家宿 里山辺, '오래된 전통 가옥 스테이'이다. 오늘 같은 날은 호텔의 뽀송한 침구가 그립지만, 지도상엔 여관 비스무리한 곳도 보이지 않는다. 미리 연락해 두었더니, 주인 아저씨가 봉고차를 몰고 10번 절 기리하타지까지 마중을 나와 주었다. 절과 숙소 사이가 멀어 송영 서비스를 제공하는 곳이 있다

고는 들었지만, 도보로 한 시간 거리인 길을 자동차로 10분 만에 도착하니 묘한 기분이 든다. 하루 종일 걸었던 길이 너무도 쉽게 창밖으로 스쳐 지나가면서, 도보 순례의 허무함과 대단함이 동시에 느껴졌다.

산자락이 시작되는 작은 마을, 그 끝자락에 있는 집 앞에 봉고차가 멈춰 섰다. 차에서 내려 배낭을 메고 집 안으로 들어가는데, 사촌형들과 외갓집 처마 밑에 매달린 박쥐를 마을 동굴에 풀어주고 돌아오던 해질녘이 팝업북처럼 갑자기 떠올랐다. 간간이 철길을 지나는 기차 소리만 들리던 조용한 시골 마을. 바다 건너 머나먼 시코쿠의 작은 마을에서 문득 내 시골 외갓집이 떠오른 것은 아마도, 이 산기슭의 고도와 겨울의 시린 정취와 실에 엮어 처마에 매달린 고운 빛의 곶감들과 공구 선반 위에서 하품하며 늘어진 고양이 때문일 것이다.

한 세대 전쯤 이곳에서 자랐을 아이들의 흔적일까. 색바랜 곰돌이 푸 인형 다섯 마리가 우리를 반긴다. 푸를 좋아하는 것으로 유명한 일본의 피겨스케이트 선수 하뉴 유즈루보다, 나는 20년지기 옆집 동생 은지의 애착 인형 푸가 먼저 떠오른다. 얼마 전 태어난 딸 지안에게 그 낡은 푸 인형을 물려줬다나. 바움쿠헨과 차를 내어준 주인 부부가 우리를 방으로 안내해 준다. 미리 피워 둔 기름 난로에서 흘러나왔을 석유 냄새가 방 안에 은근히 배어 있다. 향에 민감한 엄마와 아빠는 썩 반기지 않으시겠지만, 나는 그 냄새를 시골의 넉넉한 마음 향이라고 이름 붙이고 싶다. 주인 아주머니가 옷걸이에 걸려 있던 두툼한 일본 전통 의상을 하나씩 꺼내어 우리에게 입혀 주신다. 솜을 누벼 만든 한텐처럼 보였는데, 이름을 여쭤 보니 와타이레한텐綿入れ半纏*이라

* 일본식 짧은 솜옷. 집 안에서 겨울철 일상복으로 입으며, 간단한 방한용으로 쓰인다.

고 한다. 외풍이 심하니 이것을 걸치고 있으라는 말에, 냉기를 걱정하던 엄마의 표정이 한층 밝아졌다.

저녁 식사 전에 먼저 씻으라며 욕탕 위치를 알려 주시는데, 욕조 안에 샛노란 유자가 몇 알 동동 떠 있다. 먼저 샤워를 하고 욕조에 몸을 담그라는 순서도 알려 주신다. 일본 가정집의 욕조는 우리와 달리 매번 물을 비우지 않는다. 뜨거운 물을 받아놓고 가족들이 차례로 몸을 담근 뒤 마지막에 물을 뺀다고 한다. 내가 다녀간 뒤 욕조에 내 머리카락이 떠 있지 않을까 걱정도 되지만, 이런 문화도 배우는 것이 우리의 몫이다. 엄마는 유자가 떠 있는 욕조를 보고 감탄하며 주인 아주머니에게 고맙다는 말을 건넨다.

✳

저녁 식사는 체크인할 때 바움쿠헨과 차를 마셨던 거실에 준비되었다. 다 씻고 나가 보니, 미음(ㅁ)자 테이블 가운데 공중에 걸려 있는 냄비 하나가 보인다. "이게 이로리구나." 하고 엄마가 말했다. 일본의 오래된 민가 마루에 있는 조리 겸 난방 기구라며, 실제로 보는 것은 처음이라고 조근조근 설명해 주신다. 냄비 안에는 돼지고기와 채소가 들어간 창코나베ちゃんこ鍋가 보글보글 끓고 있다. 스모 선수들이 고열량 식사로 먹던 음식이라지만, 겨울의 한기를 가시기에도 마침맞은 음식이다.

우리보다 늦게 도착한 나가노현 출신 이사쿠 씨와 함께 저녁 식탁에 둘러앉았다. 선어회와 샐러드, 창코나베에 맥주까지 곁들이니, 유난히 길고 고단했던 하루의 피로가 스르르 풀린다. 매번 식사마다 맥

주 한 병은 기본이라는 일본 아저씨들의 습관이 이제야 조금 이해된다. 술을 못하는 아빠는 한 모금 마시고 얼굴이 새빨개진 채로 일찌감치 로그아웃. 나는 한 잔이면 충분하고, 나머지는 모두 엄마 몫이다. 산티아고 순례길에서 와인을 마시며 알게 된 엄마의 주량과 알코올에 약한 부자의 조합에 이사쿠 씨도 주인 부부도 웃음을 터뜨린다. 모닥불을 중심으로 도란도란 이야기를 나누며, 멀리서 흘러나오는 텔레비전 소리를 배경 삼아 순례자와 호스트가 친구가 되어간다. 순례이틀 만에 생긴 발가락 물집 얘기를 꺼냈다가 식당이 순식간에 주인 아저씨의 '물집 제거 응급실'로 변신했던 해프닝은 비밀로 남기고 싶지만, 고마움에 글로라도 남겨 본다. 마음을 열어준 이들 덕분에, 우리도 조금씩 일본과 시코쿠의 온도감에 익숙해져 간다.

　　"엄마, 사토 씨 부부가 오래 기억날 것 같아요. 조용한 환대랄까, 배울 점이 많았어요. 물집 따준 거, 욕조에 떠 있던 유자 몇 알, 바움쿠헨과 한텐, 이로리 위 전골까지……."
　　"한국에서 선물 하나 챙겨서 나중에 다시 오고 싶네. 그런데 주인 아저씨 이름이 '사토' 씨는 아닐걸?"
　　"도쿄 오케스트라 친구 중에 사토 씨도 있는데요?"
　　"사토야마里山는 일본에서 예전부터 사람들이 농사짓고 자연과 조화를 이루며 살아 온 산자락 마을을 뜻한대."
　　"또 저의 한자 까막눈이 한 건 했네요. 일본에서 가장 흔한 성이 사토거든요. 우리나라의 김씨같이요."
　　"그럴 수 있지. 사토야마는 지역 공동체와 지속 가능한 생활의 상징이기도 하대. 그러니까 '사토야마베'는 그런 산마을의 변두리에 있는 집이라는 뜻이겠네."

"그래도 그냥 '사토 씨네 집'이라고 부를래요."

"그래, 우리 사토 씨네 또 놀러 오자. 다음엔 차 타고 드라이브로?"

"(말 없던 아빠의 코 고는 소리) 드르렁~."

"그만 자자. 불 좀 꺼줘, 아들~."

"오케이!"

골로 가요, 고로가시

오늘도 어김없이 코가 시려서 잠에서 깼다. 나도 써본 적 없는 전기장판을 사토야마베에 하나 놔드리고 싶다. 옆이 허전해 돌아보니 아빠가 없다. 분명 새벽별을 보러 마당에 나가 계실 터다. 아빠를 찾으러 문밖으로 나섰더니, 처마에 매달린 곶감이 동트는 하늘빛을 받아 수십 개의 작은 태양처럼 빛나고 있다. 하나 떼어먹고 싶은 마음을 꾹 누르고 아빠와 같이 들어가 아침을 먹고, 짐을 챙긴다. 이사쿠 씨는 우리가 어제 들렀던 7번 절부터 걸을 거라서 천천히 출발하겠단다. 작별 인사를 나누고 사토 씨(이제는 그냥 사토 씨로 부르기로 했다)의 봉고차를 타고 11번 절인 후지이데라藤井寺까지 이동했다. 차에서 내리려는데 사토 씨가 창밖으로 비닐봉지 세 개를 건넨다. 오셋타이라며 점심 도시락을 준비했단다. "오늘 힘들 거니까 든든히 먹어."

라는 한 마디와 함께 사토 씨는 호방하게 손을 흔들며 떠났다. 아쉬워
할 새도 없이 떠나버린 아저씨가 야속하지만 우리는 묵묵히 걸어야
한다. 몇 번의 도보 여행으로 배운 것은 만남보다는 헤어짐이다. 오늘
당장 길에서 헤어진다고 해도 같은 하늘 아래 있다는 생각만으로도
미소가 지어질, 오랜 친구로 남을 거라는 확신 같은 것. 배낭에 오늘의
확신과 사토 씨의 오셋타이를 비닐채로 후딱 넣고 걸음을 내딛는다.

11번 절을 나서니 야자수 꼭대기에 아침 달이 걸려 있다. 배경으로
보이는 산자락에는 눈이 쌓여 있다. 야자수부터 활엽수, 침엽수까지
뒤섞인 식생은 여전히 우리에겐 낯설다. 게다가 오늘 우리는 저 눈 덮
인 산꼭대기까지 올라가야 한다. 시코쿠 순례길에는 여섯 개의 '헨로
고로가시お遍路転がし'가 있다. 순례자가 굴러떨어질 만큼 험하다는 뜻
인데, 지형의 어려움뿐 아니라 몸과 마음을 다잡게 되는 일종의 통과
의례로 모두가 두려워하는 구간이다. 대부분의 구간이 완만한 평지
인 산티아고 순례길로 치면 몇 안 되는 산악 지형인 초반의 피레네산
맥이나 후반의 칸타브리아산맥과 비슷하겠다. 오늘 우리가 오를 길
이 그 첫 번째 헨로고로가시이다. 다섯 개의 봉우리를 넘어야 12번
절 쇼산지焼山寺에 도착할 수 있다. 오늘 예약한 숙소에 늦지 않게 도
착하려면 서둘러야 한다. 파이팅 넘치는 엄마와 달리, 나는 발목에 납
덩이를 단 것처럼 걸음이 무겁다. 한 시간도 채 지나지 않아 내가 말
했다.

"어우, 발이 아파 못 걷겠어요. 등산화가 저랑 안 맞나 봐요."
"이 말, 어디서 많이 들었는데?"
"덕유산 향적봉이지. 너 중학교 때 겨울 야간 산행 가서 초입

부터 발이 아프다고 아빠랑 등산화를 바꿔 신고 올라갔잖아. 향적봉 대피소까지 가면 전기담요 덮고 컵라면 먹을 수 있다고 해서 간신히 올라갔는데, 낙뢰로 정전돼서 추위에 떨며 잤던 날."

"그리고 또 있잖아, 설악산 대청봉."

"설악산은……. 울산바위 아래 산장에서 당귀차 마신 기억밖에 없어요. 그래서 요즘도 당귀 쌈 싸 먹을 때마다 거기가 생각나요. 지금은 없어졌겠죠?"

결국 오늘도 별 수 없이, 발 사이즈가 비슷한 아빠의 등산화를 바꿔 신고 걷는다. 내 신발이 길은 더 잘 들어 있었을 것 같지만, 신발을 바꿔 신으면 이상하게 아빠처럼 잘 걸을 수 있을 것 같은 기분이 든다. 어릴 적부터 지금까지 이 방식이 꽤나 효과적이긴 했던 모양이다.

✳

겨울에도 잎이 지지 않는 침엽수림이 햇빛을 가려, 맑은 날인데도 눈앞이 어둡다. 예전에는 이 어두운 숲에 곰까지 출몰했다니, 혼자 걷는 순례자들의 마음이 어땠을까 싶다. 점심때가 훌쩍 지난 줄도 모르고 걷다가 시계를 보고서야 가방에서 하얀 비닐봉지를 꺼냈다. 봉지마다 페트병에 든 녹차, 직접 만든 오니기리 두 개, 고구마 두 조각, 삶은 달걀과 단무지, 그리고 새벽에 몰래 하나 따먹고 싶었던 그 곶감이 더 잘 마른 버전으로 두 개씩이나 들어 있다. 시장이 반찬이라지만, 오늘은 정성이 더 반찬이다. 작은 환대에서 큰 힘을 얻는다. 더 열심히, 끝까지 걸어야지. 우리가 길에서 만난 사람들의 오셋타이로 순례를 마무리하면, 그들도 결국 우리와 함께 이 길을 걸은 셈일 테니까.

가파른 오르막길을, 지금 내 위치도 모른 채 한참 걸었다. 하늘이 보이기 시작해서 드디어 정상이겠거니 했는데, 아직도 네 개의 작은 봉우리를 더 넘어야 한다니! 어제 사토 씨가 정성껏 치료해 준 물집 말고도 다른 곳에 또 물집이 잡혀 이미 터졌는지, 양말은 축축하고 엄마가 외치던 파이팅 소리도 더는 들리지 않는다. 내 느린 속도 탓에 12번 절에 도착해 납경을 받을 무렵에는 이미 해가 지고 말겠다. 오늘 예약한 숙소까지 걸어가는 건 상상도 할 수 없는 일이 되어버렸다. 고민 끝에 사토 씨에게 전화를 걸었다. 하루 더 묵을 수 있겠냐고 물었더니, "오랜만이네요!" 하며 너스레 섞인 반가운 목소리가 들려온다. 12번 절을 지나 자동차가 닿는 곳까지 걸어올 수 있겠냐고 내 상태를 체크하더니 픽업을 나오겠고 한다.

전화를 끊자마자 신기하게도 발바닥이 안 아프다! 갑자기 다리에 힘이 붙고, 걷는 속도가 빨라진다. 나만 그런 게 아니다. 엄마도 아빠도 말은 안 했지만 속으로는 분명 죽을 맛이었을 것이다. 우리를 기다릴 봉고차를 생각하며, 헨로고로가시의 여섯 봉우리를 넘어 드디어 쇼산지에 도착했다.

＊

"어머, 이사쿠 씨가 운전했나 봐."

"엄마, 일본은 운전대가 반대잖아요."

"순간 착각했네!"

11번 절까지 걸은 이사쿠 씨를 먼저 픽업하고, 함께 우리를 데리러 온 것이었다. 운전석 방향을 착각한 이야기에 이어 오늘 죽을 뻔한 여정까지 이야기하다가 어느새 깜빡 잠이 들었다. 눈을 떴는데도 아직 사토야마베에 도착하지 못했다. 차로도 한참이 걸리는, 어제보다 훨씬 먼 거리를 걸은 엄마에게 박수를. 내 발바닥에게도 박수를.

숙소가 너무 좋아서 나중에 다시 오고 싶다고 생각했는데, 하루 만에 다시 왔다며 주인 아주머니에게 인사를 건넸다. 어제보다 오늘은 이로리 앞이 더 시끌벅적하다. 오늘 저녁은 주인 부부까지 함께 앉아 정겨운 시간을 보낸다. 이사쿠 씨가 불교 신자가 아닌 가톨릭 신자라는 것도, 그의 이름 '이사쿠'가 성경 속 '이사악'에서 온 이름이라는 것도 오늘에서야 알았다. 나가노에서 농사를 짓는 그는 농한기인 겨울에만 시간이 나는데, 작년에는 산티아고 순례를 했고 올해는 시코쿠 불교 순례를 왔다고 한다. 우리처럼 두 순례길을 모두 걷고 싶었던 누군가를 이렇게 금세 만나게 되다니, 반가움이 커져서 이로리의 불이 꺼질 때까지 식사가 길어졌다.

오늘도 유자가 동동 떠 있는 목욕물에 몸을 담그며 생각한다. 골로 갈 뻔한 고로가시를 버텨낸 우리와 든든한 서포터즈가 되어준 친구들을. 셋이 걷는 길인 줄 알았는데, 벌써 여러 사람이 함께 걷는 길이 된 이 여정을 생각한다.

나도 좋아해 보기

물집 잡힌 발바닥 때문에 한 걸음 디딜 때마다 "아이고~!" 소리가
절로 나온다. 내리막을 걸을 때는 원래 감각이 있었나 싶던 다리 군데
군데에서 비명이 튀어나온다. 첫 번째 헨로고로가시의 후유증이 크
지만, 오늘도 계속 걸어야 한다. 아쿠이강을 따라 이어진 13번 절 다
이니치지大日寺부터 16번 절 간온지觀音寺까지의 길. 괴팍한 산을 내려
오자 길이 한결 완만해졌는데, 긴장이 풀리니 여기저기 쑤시고 아프
다. 엄마도 아빠도 말은 안 하지만, 말수가 줄어든 걸 보니 상태가 좋
을 리 없다. 추적추적 내리는 겨울비는 기운을 더 깊은 땅속으로 끌어
내린다. 삿갓 덕에 비를 어느 정도 막을 수 있는 엄마와 나랑 다르게,
삿갓 없는 아빠는 심지어 가랑비에 젖어 물에 빠진 생쥐 꼴이 되어
간다.

　매일이 축제 같던 봄의 산티아고와 새파란 바다가 달려들던 여름의 제주 올레, 단풍이 흐드러지던 가을의 서울 둘레길까지 우리가 걸은 길들은 풍경도 기분도 다 오색창연했다. 이렇게 잿빛 겨울의 도보 여행은 처음이다. 눈도 안 오는 겨울 풍경은 어딘가 을씨년스럽고, 마을마다 붙어 있는 '익사 방지 어린이 포스터 공모전 수상작'도 괜히 더 무섭게 느껴진다. 비에 젖은 몸은 점점 무거워지고, 떨어진 기온은 발목을 붙잡는다. 이럴 때는 뭐든 놀거리를 찾아야 한다. 머리를 굴려본다. 엄마와 예전 도보 여행에서 써먹었던 '멀리 걷는 사람들, 우리 맘대로 더빙하기'는 주위에 사람이 없어 실패. 끝말잇기는 '삵곰발' 같은 치트키 없이 해봤더니 끝이 안 나서 모두 진이 빠졌다. 빨주노초파남보 색 찾기는 눈 앞의 채도가 낮아 시도조차 못 했다. 그러다 문득 친구들과 술자리에서 하던 게임이 생각났다. 물을 마시며 멈춰 선 김에 핸드폰 스톱워치 앱을 켰다.

"새로운 게임을 해봐요. 눈 감고 1분을 마음속으로 세다가 타이머를 멈추는 거예요. 1분에서 제일 멀리 벗어난 사람이 점심 내기!"

"1분은 너무 길지 않아? 10초로 해보자."

"10초는 셋 다 비슷하게 나올 텐데……. 그럼 소수점 둘째 자리까지 봐야겠네요."

악기 연주를 하면서 악보도 보고 템포도 맞추는 내가 유리할 거라 며 거한 점심을 얻어먹을 상상을 했는데, 결과는 충격적이었다.

아빠: 11초 95 / 나: 11초 68 / 엄마: 10초 02

소수점 두 자리가 문제가 아니었다. 2초 가까운 오차도 놀라운데, 엄마가 10초 02라니. 간발의 차로 진 아빠의 카드부터 뺏어 놓고, 엄마를 집중 추궁하기 시작했다.

"엄마, 어떻게 10초 02를 눌러요? 우리 몰래 연습했어요? 내 가 호언장담하고 2초나 넘긴 것도 부끄럽지만, 엄마 기록이 제일 신기해요. 경품 추첨 타이머 게임 같은 데 나가도 되겠어요."

"이거 다 너희 아빠 덕분이잖아."

"아빠둥절 표정 안 보여요?"

"아빠가 퇴근하고 집에 오면 늘 틀어 놓는 바둑 채널에서 대국 끝날 때쯤 초읽기를 하잖아. '하나, 둘, 셋……' 초침에 맞춰 세는 거."

"소리는 들은 적 있어요. 그래도 그걸 맞춘다고요?"

"서당개 3년이면 풍월을 읊는다잖니."

"그럼 아빠는 10초 00을 맞췄어야죠! 12초 가까이 간 게 말이 되냐고요. 엄마가 요즘 바둑 기사 최정 팬인 건 알았지만, 초읽기까지 선수일 줄은 몰랐어요."

한국에 돌아가면 엄마와 아빠의 대국부터 시켜 보고 싶다. 그런데 가만히 생각하니 뭔가 이상하다. 중년 부부가 텔레비전 채널 주도권을 두고 다투거나 거실과 안방으로 분리 시청하는 게 흔한 이야기인데, 우리 집은 좀 다르다. 아빠가 보던 바둑 채널을 엄마가 같이 보고, 초읽기까지 능숙해진다니.

"내가 바리스타 자격증 시험 볼 때도 초읽기 덕 좀 봤잖아. 7그램을 25초 동안 30밀리리터 내리는 게 제일 맛있어서 시간을 정확히 재는 시험인데, 나는 25초 세는 게 제일 쉬웠어."

"손탁호텔 안에 있던 정동구락부가 우리나라 최초의 커피하우스였다고, 엄마가 바리스타 공부하다가 알려 준 것도 생각나요."

"맞아. 고종 황제가 덕수궁 정관헌에서 커피를 즐겨 마셨는데 이름을 양탕국이라고 했다는 것도 기억나네."

"그래서 제가 정관헌을 좋아하잖아요. 요즘엔 정관헌에서 커피 마시는 프로그램도 생겼대요. 그나저나 엄마도 책 한 권 내야 겠어요. 제목은 '세상에서 초읽기가 제일 쉬웠어요'."

좋아하는 사람이 좋아하는 걸 나도 좋아해 보기. 말은 쉽지만 돌아 보면 가장 어려운 일이기도 하다. 아빠가 좋아하는 바둑 채널을 함께 보고, 나아가 자신의 배움에까지 녹여 내는 엄마. 그 모습이 이렇게 먼 길 위에서, 근사한 액자 속 한 장면처럼 떠오른다.

그러고 보니 아빠도 그랬다. 중학교 2학년 때 천계영 작가의 만화 《오디션》에 빠져 살던 나를 위해, 아빠는 만화책을 몰래 읽고 주인공 이름까지 외웠다. 황보래용, 류미끼, 장달봉, 국철 등 외우기 힘든 이름들이었는데. 내가 못 간 사인회에 아빠가 대신 줄을 섰다가 앞 번호 에서 끊겨서 허탕치고 돌아온 이야기까지 꺼내면, 아빠에게 미안해 져서 여기까지만 하겠다.

'좋아하기' 시리즈를 더 추려 보자면 아빠의 아마추어 무선 이야기 도 빼놓을 수 없다. 젊었을 적 아빠의 취미였는데, 엄마도 아빠를 따 라서 자격증을 땄다. 어릴 적 사진첩에서 두 분이 무전기 앞에 서 있 는 모습이 왕왕 발견된다. 아빠는 한 방송 인터뷰에서 갓난아기인 나 를 안고 "얘가 한글만 깨치면 자격증 공부를 같이 하겠다."고 전 국민 앞에서 선언까지 했다. (나는 아무래도 아직 한글을 못 깨우친 걸로 해야겠다.)

커플 호출 부호가 있는 엄마 아빠가 좋았다. 휴대폰이 없던 그 시 절, 아빠의 첫 차 자줏빛 라노스에 무선 안테나를 달고 퇴근길을 중계 하던 풍경, 그 낭만을 잊을 수 없다.

"HL1KGD, 여기는 HL1KGC. 카피 되십니까, 오버. 한강대교 빠져나가는 중입니다."

무엇보다 중요한 건, 나도 아빠도 걷기를 좋아하는 엄마를 따라 이 길에 섰다는 것이다. 그렇다면, 이제는 내가 아빠가 좋아하는 걸 좋아 해 봐야겠다. 애플워치에 워키토키 기능이 생겨 버려서 무전기는 이미 추억이 되었고, 바둑은 실력 차가 넘사벽이다. 그러니 밤하늘을 함께 보는 일, 별 바라보기가 딱이다. 어렵지 않은데 늘 '시간 내기'가 어려웠던 일. 별과 친해져서 "세상에서 별 보기가 제일 좋았어요." 한 마디만 날리면, 우리 셋의 '나도 좋아해 보기' 삼각형이 완성된다.

좋아하는 사람이 좋아하는 걸 나도 좋아해 보기. 세상에서 가장 어렵지만, 시작하기엔 또 가장 쉬운 일. 오늘도 초읽기 선수가 된 엄마에게 한 수 배웠다. 좋아하는 것 이야기를 하다 보니 까마득하던 다음 절도 코앞이다.

순례와 산책

오늘은 19번 절 다쓰에지立江寺에서 20번 절 가쿠린지鶴林寺를 지나 21번 절 다이류지太龍寺까지 걷는다. 산꼭대기에 있는 21번 절 다이류지에서 하산할 때는 로프웨이를 타기로 했다. 산에 케이블카를 설치하는 것에는 언제나 반대하는 입장이지만, 사람이 참 간사하다. 하산길에 로프웨이가 기다리고 있다는 것만으로도 21킬로미터 산길을 걸어야 하는 오늘이 두렵지 않은 걸 보면 그렇다.

이제 순례는 익숙하다. 절에 들어가기 전에 엄마가 미리 찾아 놓은 절의 유래를 말해 준다. "19번 절의 본당 천장화는 도쿄예대를 졸업한 화가들이 그렸대." "1800년대에 바람피운 여자가 남편을 살해하고 도망쳐서 시코쿠 순례에 왔는데, 여기서 머리카락이 종의 밧줄에 감겨 버렸대." 절에 들어가서는 참배를 하고 납경을 받는다. 여유가 있으면 경내에 앉아 조금 쉬고, 다음 일정을 준비한다.

19번 절을 나와서 가쓰우라강을 따라 걷다 보면, 작은 마을 너머로 20번 절 가쿠린지로 향하는 언덕이 시작된다. 그런데 길이 어렵다. 순례길은 구글맵에 나오는 것도 아니어서 순례길 표식을 보고 따라 걷는데, 어느 순간부터 빨간 화살표가 보이지 않는다. 혼자 걸으면 한참 갔다가도 돌아오면 그만이지만 셋이 걸으면 이야기가 다르다. 난처해하다가 엄마한테 알렸더니, 내향인인 엄마가 우리 뒤를 따라 걷던 아저씨에게 길을 물어본다.

"20번 절은 어디로 가야 해요?"
"저도 그 길로 가고 있어요. 따라오세요. 그런데 아까부터 뒤에서 봤는데 걷는 보폭과 높이를 조금 다르게 걸으면 훨씬 건강에 좋을 거예요."
"저희가 다리가 짧아서…….(웃음)"

비상이다. 일본 시골에서 난데없는 꼰대 주의보다. 걸음걸이를 고쳐주려는 사람이라면 안 봐도 비디오다. 아니, 이제 안 봐도 유튜브려나. 엄마한테 비상 알림을 하기도 전에 아저씨가 말을 잇는다.

"보폭이 너무 좁아요. 무릎을 조금 더 높게 올리면 그 각도로 더 멀리 발을 내디딜 수 있어요. 그럼 보폭도 넓어지고, 오래 걷기에도 훨씬 수월할 거예요."
"이렇게요?"

"맞아요. 금방 자세가 좋아지네요."

"안 그래도 제가 엄마한테 한국어로 '종종종종' 다니지 말라고 하거든요. 보폭을 짧게 걸으면 에너지 소비가 많으니까요. 그런데 다리 길이는 우리 가족 전통이라서 어쩔 수가 없는 줄 알았죠.(웃음)"

꼰대 주의보 잠시 해제. 나도 아빠도 뒤에서 아저씨의 걸음걸이를 따라 해본다. 보폭이 조금 넓어졌다고 속도가 난다. 관절에 무리만 안 간다면 힘도 더 나는 것 같다. 이 방법이라면 하루에 한 시간은 단축할 수 있을 것만 같은 기분이다.

"몇 년 전에 위암에 걸려서 회사를 그만두고 고향에 내려왔어요. 지금은 항암 치료를 마치고 매일 걸으면서 지내요. 마침 우리 집 앞이 순례길이라 이 순례길을 매일 산책 삼아 걷지요. 걷는 것에 집중하면서 매일 꾸준히 이 산길을 걸었더니, 몸이 정말 좋아졌어요. 이제는 길 지나가는 사람만 마주쳐도, 내가 먼저 많이 많이 걸으라고 이렇게 이야기한다니까요."

"예전에 산티아고 순례길에서는 나이 든 순례자들의 목표가 순례길 위에서 죽는 거라는 말을 들었어요. 정말로 순례길을 걷다 보면 길가에 작은 비석들이 있었어요. 그 길 위에서의 죽음이 슬프지만은 않았을지도 몰라요. 천 년 동안 이 길을 걸으며 기도한 사람들의 보이지 않는 흔적과, 또 이 길을 걸을 사람들의 기도가 내가 죽어서도 좋은 영향을 끼칠 거라고 생각하니까요. 엄마도 그랬죠?"

"맞아요. 저도 나이가 더 들면 순례길 앞에 살면서 '왔다 갔다' 산책하다가 죽고 싶다고 했어요. 앗, 죽음을 이야기하는 게 아니라 이 길을 걸으시는 게 건강에도 좋고 마음에도 좋을 것 같다는 이야기예요.(웃음)"

"그나저나 재미있네요. 일본어에서는 '갔다 왔다(行ったり来たり)'라고 해요. 한국어에서는 왔다 갔다(来たり行ったり)예요?"

"맞아요. 사연 있어 보이는 차이네요. 한국에서는 왔다가 가는 사람, 일본에서는 갔다가 돌아오는 사람이잖아요."

순례자와 산책자가 만났다. 순례자 같은 산책자와 산책자 같은 순례자. 산책과 순례에는 무슨 차이가 있을까? 별 차이가 없을지도 모른다. 내가 오늘 걷고 있는 이 고행길이 산책길일 수도, 방산시장에서 을지로4가로 걷는 그 길이 순례길일지도. '왔다 갔다'나 '갔다 왔다'나 말이 다 통하는 것처럼, 순례도 산책도 한 끗 차이일지 모른다.

아저씨와 작별 인사를 나눈다. '건강하세요ぉだいじに'를 발음하는데 평소와 다르게 입속에 단어가 오래 머문다. 언덕길을 오르는 발걸음이 가뿐하다. 로프웨이가 기다리는 데다가 걷는 보폭도 고쳐져서 걷기가 두 배로 쉬워진 기분이다. 여행을 준비하면서 일본어와 일본 문화, 역사를 배우고 와야겠다고 생각해 놓고, 정작 걸음 그 자체를 준비한다는 생각은 해본 적이 없었다. 평생 걷던 대로 걸으면 된다고 생각했는데, 아저씨가 고쳐준 자세에 바로 효과가 나타나니까 30년 세월이 무상하다. 그래도 기쁜 일이다. 내가 살던 익숙한 삶을 잠시 내려놓고 떠나온 이 빈틈에 다른 삶들의 노하우가 켜켜이 쌓인다는 것이.

겨울날의 도쿠시마

모두의 축제

도쿠시마현의 남은 절 두 개, 22번 절 뵤도지平等寺와 23번 절 야쿠오지藥王寺는 도쿠시마 시내에서 남쪽으로 이어지는 JR 무기선 철도가 지나는 길에 위치해 있다. 시골과 산속에서만 일주일을 있다 가는 건 좀 아쉬워서 도쿠시마역 근처에 숙소를 잡아 놓고 기차로 22번 절 근처 역까지 가서 두 절 사이를 걷기로 했다. 23번 절에서 다시 기차를 타고 돌아가면 첫 번째 발심의 도장 순례가 끝난다.

도쿠시마에서 출발한 완행열차는 역이라기보다는 정거장이 더 어울리는 무인역 아라타노역에 멈췄다. 아라타노역에서 멀지 않은 곳에 22번 절 뵤도지가 있다. 바람만 막아줄 수 있을 것 같은 허름한 역사에 포스터 하나가 붙어 있다. 빨간 십자가와 하트가 세로로 놓인 로고가 담긴 포스터다.

"엄마, 저 포스터 보여요? 저 십자가와 하트 모양을 '헬프 마크'라고 불러요. 가방에 러기지 택처럼 달고 다니는 건데, 우리나라의 임산부 배지처럼 사람들한테 도움이 필요하다는 걸 알리는 용도예요."

"저걸 달고 다니는 사람들이 있어?"

"도쿄에서 길 가다 보면 꽤 많아요. 저기 보면 '겉으로 보기에는 잘 모르지만, 도움을 필요로 하는 사람이 착용하는 마크'라고 적혀 있어요. 임신 초기나 내부 장기 장애, 난치병, 의족이나 인공 관절을 사용하는 사람같이 겉으로는 티가 안 나지만 불편함이 있는 사람들이 달고 다녀요. 만약 누군가 상태가 안 좋아 보일 때 취객인지 심장 문제가 있는 사람인지 구분할 수도 있고요."

"일본 사람들은 이런 것을 잘 안 달고 다닐 것 같은데, 정말 필요로 하는 사람이 자기 선택으로 다는 거구나."

"이런 세심한 제도가 우리나라에도 필요해 보여요. 얼마 전에 서울에서 건축사 선배와 화장실 디자인에 대해 이야기하다가, 제가 디스크 터졌을 때 장애인 화장실을 이용하면서 장루 세척대에 손 씻을 뻔했던 얘기를 했더니 장루라는 단어도 모르더라고요."

"일본 길거리에서 장애가 있는 사람들을 마주치는 횟수가 우리나라보다 많은 게 이런 제도나 인식의 차이에서 비롯된 것일 수 있겠다. 그리고 한 발 더 나아가서 눈에 보이지 않는 장애를 인지시키는 장치까지 마련한 것이니까."

"일본에서 수트케이스를 끌고 걸으면 길에서 턱을 느낄 때가 별로 없어요. 그 말인즉 휠체어나 유모차도 다니기 용이하게 설계된 거예요. 디자인할 때 참고할 부분이 꽤 있어요. 세련된 디자인이 아니라 꼭 필요한 디자인을 해야겠다고 맘먹게 돼요."

"너는 여기 와서 순례를 하는 거야, 디자인 여행을 하는 거야?"

"열흘을 일을 빼고 왔는데 뭐라도 캐 가야죠. 산티아고 때와 달리 일하는 중에 왔더니, 무의식적으로 자꾸 일과 관련된 영감을 얻으려고 하네요."

헬프 마크 이야기를 하다가 얼추 뵤도지에 다 와 가는데, 무슨 일인지 동네가 왁자지껄하다. 지나가는 순례자한테 물어봤더니, 뵤도지의 신년 첫 법회식이라고 한다. 리플렛을 받아보니 어린이 행렬, 십이신장 수리 기념 법회, 기념식, 오색떡 던지기 등 다양한 행사를 여는 날이다. 일 년에 하루 있는 이런 행사를 마주치는 우연에는 자꾸 의미를 부여하게 된다.

버스로 온 단체 순례자들 말고도 배낭을 멘 도보 순례자들까지 가득하다. 길 위에 도통 보이지 않던 광경이라 삿갓 쓴 사람들의 무리가 마치 영화 세트장에 온 것 같은 생경함을 불러일으킨다. 저 멀리서 순례자 무리와 스님들, 전통 복장을 한 어린이들과 보호자가 긴 행렬을 이루며 절 쪽으로 오고 있다. 뒤에는 귀여운 순례자 캐릭터(고야군こうやくん이라고 적힌 것을 보니 시코쿠 순례 끝에 들르는 고야산을 주제로 했나 보다)와 청귤로 유명한 도쿠시마현의 공식 캐릭터인 스다치군すだちくん 탈을 쓴 사람들이 스님들의 손을 잡고 줄을 잇는다. 순

례자들의 행렬을 따라 단체 사진도 찍고, 어린이들의 축복식도 함께 했다. 말이 통하지 않아도, 종교가 달라도, 새해를 기념하고 모두를 축복하는 분위기는 온전히 전해진다.

오색떡 던지기 행사까지 시간이 남아서 주차장 공터에 늘어선 푸드 트럭에서 이른 점심을 먹었다. 다 식은 야키소바와 유부초밥 몇 개가 전부이다. 우리 건너편에는 휠체어라기보다는 침대에 가까운 모습의 이동 수단에 누워 의료 기기를 부착하고 있는 여자아이와 가족이 자리를 잡았다. 부모가 순례자 복장을 한 것을 보니, 자동차로 함께 순례하고 있는 것 같다. 반갑게 눈인사를 나눴다. 두 발로만 순례를 하는 것이 아니라 자전거, 버스, 휠체어, 침대 등 어떤 보조 도구를 이용해서도 순례를 할 수 있다는 생각이 나를 많이 바꾼다. 전세버스로 산티아고 순례길을 다니는 패키지 상품을 비판했던 내가 떠올랐다. 잘 걸을 수 있음이 당연하지 않다는 것을, 잘 걷지 못해도 당연해야 한다는 것을 배운다.

대망의 오색떡 던지기 행사. 무대 위에 오른 스님들이 색 빠진 오색떡 봉지를 던지기 시작했다. 어깨에 하나 맞았는데 엄청 딱딱하다. 떡이 맞긴 한가, 이걸 어떻게 먹나 싶은데 옆을 돌아보니 엄마 아빠가 진풍경을 만들었다. 아빠가 엄마의 삿갓을 뒤집어서 바구니같이 떡을 받기 시작한 것. 그러면서 세상에서 가장 행복한 표정으로 웃고 있다.

어느새 엄마의 비닐봉지가 얼추 찼다. 우리만 그런 게 아니라 다들 넉넉히 떡 봉지를 챙겼다. 이 딱딱한 것을 어떻게 먹는지 궁금해서 옆사람한테 물어봤더니, 다시 찌거나 전자레인지에 돌리면 부드러워진

단다. 딱 봐도 맛없어 보이는 이 떡을 먹는 것이 무슨 의미일까 싶다가, 성당에서 성수를 가져와서 내가 가위눌릴 때 뿌려 주던 엄마를 생각한다. 성당에서 미사 중에 모두 나눠 먹는 밀떡을 생각한다. 이 떡도 같은 의미겠지. 이 떡을 데워 먹는 것만으로도 다채롭게 빛나고 건강한 한 해가 될 거라 생각해 본다.

행사가 끝나자 사람들이 물밀듯 빠져나간다. 우리도 인파에 휩쓸려 주차장까지 나왔는데, 아까 휠체어를 밀던 가족을 다시 만났다. 떡 봉지가 손에 없다. 의료 기기를 실은 휠체어를 밀고 저 인파 사이에 있다가는 사고가 날 게 분명하니, 먼발치에서 보았을 것이다. 눈인사를 하려는데 엄마는 벌써 떡 봉지 몇 개를 들고 그 가족에게 갔다. 돌아오는 엄마를 붙잡는 아이 엄마. 잠깐 기다리라고 하더니 가방에서 열쇠고리 세 개를 꺼내어 손에 쥐어 준다. 실을 엮어 만든 알록달록한 호리병 모양이다. 두 가족이 인사를 나누고 돌아오는 길, 엄마가 말했다.

"떡이 고맙다며 오셋타이라고 줬어. 아이 엄마가 직접 만든 거래."
"호리병 모양이네요. 물이나 음식을 주는 것 대신에 호리병 모양을 떠 준 걸까?"
"예전 순례자들이 호리병에 물을 담아 마셨대. 그래서 호리병이 오셋타이를 상징하기도 하고, 목마르지 않고 건강하게 순례를 잘 완주하라는 응원과 보호의 의미를 가지고 있대."

작은 환대와 응원이 모여 여정은 이어진다. 호리병 열쇠고리를 배낭에 하나씩 나눠 달고서 우리는 또 다음 걸음을 뗀다. 그 가족도 엄마가 준 떡이 작은 동력이 되어 다시 열심히 휠체어를 밀고 순례를 완주할 거라 믿는다.

23번 절 야쿠오지까지 종일 걷고 히와사역에서 다시 기차를 타고 도쿠시마로 돌아간다. 기차에서 잠깐 잠이 들었다 깼는데, 비구름이 걷히면서 창밖 하늘에 쌍무지개가 걸렸다. 시바견을 끌고 산책하는 사람과 함께 근사한 풍경이 완성된다. 쌍무지개 뜬 하늘을 보면서 모두를 위한 순례길을, 모두를 위한 축제를 생각한다. 모두를 위해서 모두가 함께 만들어야 하는 세상을 꿈꾼다.

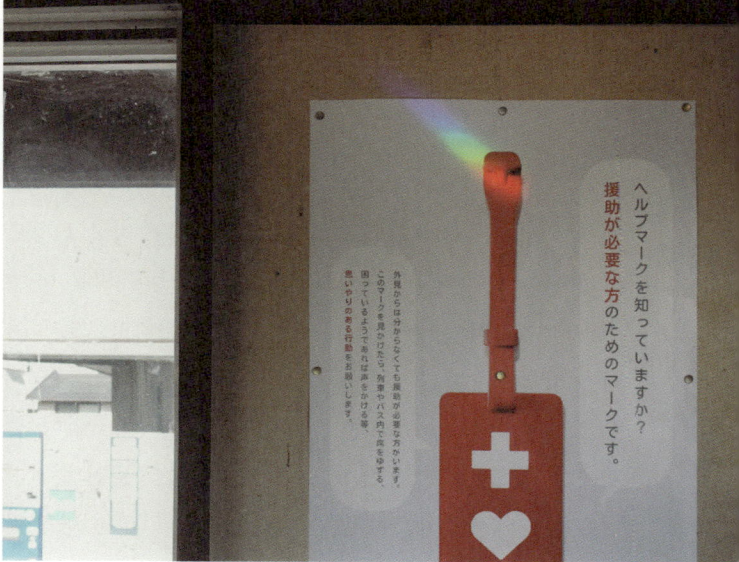

ヘルプマークを知っていますか？
援助が必要な方のためのマークです。

外見からはわかりにくくても援助が必要な方がいます。
このマークを持った方を見かけたら、電車やバス内で席をゆずる、
困っているようであれば声をかける等、
思いやりのある行動をお願いします。

겨울날의 도쿠시마

노천탕과 북극성

도쿠시마역 앞 호텔에 2박째 묵고 있다. 버스 터미널과 택시 승강장, 근처의 호텔과 백화점이 있는 유사한 구조 때문인지 일본 소도시의 메인 역들은 풍경이 비슷하다. 대도시 외곽의 JR역들도 그렇다. 여기가 도쿠시마인지 오카야마인지 도쿄의 하치오지역인지 나중에 사진만 보고는 구분하기 어려울지도 모르겠다. 비상 상황으로 이틀간 묵게 된 사토야마베를 제외하면, 계획된 이틀 연박은 이 호텔이 처음이다. 내일 체크아웃을 하고 기차를 타고 다카마쓰로 돌아가서 서울 가는 비행기를 탄다. 무거운 짐을 호텔에 두고 오늘 당일치기로 다녀온 22번과 23번 절은 순례라기보다는 짧은 여행 같았다. 숙소만 민박집에서 호텔로 바뀌고, 짐만 조금 가벼워졌을 뿐인데, 축제 한 번 들렀을 뿐인데 마음가짐이 바뀐 것이 재미있다. 말년 병장 같은 마음도 한몫했겠지. 하지만 이제 순례길의 4분의 1을 걸었다. 돌아올 계절들에 나머지 세 개의 현, 65개의 절을 더 들러야 한다.

순례 중에 도심에 묵을 일이 적으니 오늘 같은 날은 근사한 저녁을 먹고 싶은데, 엄마 아빠는 요시노야, 마츠야, 스키야같이 가성비 좋은 덮밥 체인이 더 좋다고 한다. 거기에 오늘은 호텔 1층의 카레 체인 코코이찌방야까지 후보군에 올랐다. 어제 아침에는 역 앞 마츠야에서 모닝 덮밥 세트를 먹었으니 저녁은 코코이찌방야로 정했다.

"어제 아침에 마츠야에서 밥에 딸려 나온 흰 달걀이 삶은 달걀인 줄 알고서 배낭에 챙길 뻔했잖아. 날달걀을 깨서 노른자만 걸러서 밥에 얹어 먹는 건 줄 모르고."

"가방에서 안 깨진 게 어디예요. 그래서 먹어봐야 된다니까요. 더 맛있는 거 먹지, 카레로 되겠어요?"

"너 군대 갔을 때 휴가 나오면 우리 셋이 집 앞 코코이찌방야에 한 번씩 가는 게 고정 코스였잖아. 네 휴가를 기다리던 마음 때문인지 이 카레도 그래. 간판을 보면 반갑고, 먹으면 또 맛있고."

최근에는 도쿄에서 일이 바쁠 때나 급하게 먹던 이 카레 체인점의 익숙한 맛이 엄마의 한마디에 꿀맛이 된다. 자식을 기다리는 부모님의 마음을 떠올리니 내 기다림은 순식간에 찰나의 시간, 티끌만한 감정이 되어버린다. 이 카레가 이렇게 맛있었나. 오늘도 20킬로미터를 걸어서 배가 고파서인가. 서울에 돌아가서도 자꾸 생각날 것만 같다.

저녁을 먹고 건너편 백화점에 들어간다. 우리의 겨울 순례가 공식적으로 마무리되었다는 말이다. 아빠는 막 나왔을 따끈따끈한 올해 천문 연감을 찾겠다며 서점으로 향하고, 엄마는 무인양품, 나는 문구점으로 뿔뿔이 흩어진다. 하지만 잠시 후 다시 만난 세 사람의 손이 가볍다. 돌아가는 길에 캐리어가 없다는 것을, 배낭을 메고 다카마쓰에 들러 서울까지 돌아가야 한다는 것을, 나를 포함하여 셋 다 어떻게 용케 기억해 낸 것일 테다. 호텔에 돌아가 짐을 내려놓고 유카타를 갈아입고 꼭대기층으로 향한다.

"두막이 엄마, 목욕 끝내고 11시에 로비에서 봐요~."
"먼저 끝나면 방에 내려가 계세요."
"으이구, 일본까지 와서 두막이 엄마가 뭐예요~."

엄마가 나를 임신했을 때, 둘이 집 앞 목욕탕에 갈 때면 아빠가 꼭 목욕하고 나와서는 카운터에 두막이 엄마 좀 불러 달라고 했단다. 나의 태명이 두막이었다고. 본명이 되었으면 지금보다도 더 큰일이었을 내 태명이, 아직도 셋이 목욕탕이나 온천에 갈 때면 남탕, 여탕으로 찢어지기 전에 이따금 한 번씩 불려 나온다. 엄마 아빠의 결혼식 비디오테이프를 보면서 왜 내가 없냐고 엉엉 울었던 어릴 적의 기억같이, 내가 태어나기 전의 우리 가족의 역사가 이렇게라도 남아서 가끔 등장하는 게 반가워지는 순간이다. 바로 지금처럼.

✳

이 호텔의 장점은 꼭대기층의 온천이다. 일본의 많은 호텔들이 대욕탕을 운영하고 있지만, 체크인할 때 이렇게 꼭대기층에 대욕탕이 있다고 하면 눈이 커진다. 노천탕이 있을 확률이 크기 때문이다. 역시 이 호텔의 대욕탕에도 조그마한 야외 노천탕이 딸려 있다. 어제에 이어 오늘도 아빠와 노천탕에 얼굴만 내놓고 몸을 담근다. 일본 아저씨들처럼 객실에서 챙겨 간 작은 타월을 머리에 얹고서 도란도란 이야기를 나눈다. 그동안 나누지 못했던 이야기를 하기엔 아빠와 함께한 첫 순례의 일주일을 복기하기에도 바쁘다.

아빠와 도보 여행은 오랜만이다. 군대 휴가 때 제주 올레도 엄마와 둘이 걸었고, 산티아고에 간 해는 (나의 군 복무 시기를 제외하고) 세 쌍둥이같이 붙어 다니던 우리 셋이 떨어져 지낸 날이 한 계절은 되었다. 봄가을에는 엄마와 내가 산티아고를 걷느라 한 달씩 비웠고, 여름에는 아빠 혼자 동료들과 호주로 별을 보러 다녀왔다. 걷기 좋아하는 엄마와는 자주 도보 여행을 떠나는데, 별 보기 좋아하는 아빠를 따라 천문대로, 사막으로, 개기 일식 이벤트가 있는 뜬금없는 외국 시골로 간 적은 없다. 이번에도 우리의 매니저로 따라온 아빠와 단둘인 것은 지금 맨몸으로 탕에 누운 이 시간이 처음이다. 아빠한테 미리 약속할 수는 없지만, 혼자서 맘속으로 다짐해 본다. 더 늦기 전에 별을 사랑하는 아빠를 따라, 별 여행에 같이 가겠다고. 모기에 쫓기고 시차와 졸음에 고생하고 불편한 잠자리에 뒤척이고 비포장도로에 허리가 아프겠지만, 가기 싫은 이유를 백 가지는 더 댈 수도 있지만, 아빠가 좋아하니까. 며칠 전 나도 아빠가 좋아하는 걸 좋아해 보기로 했으니까.

"아들, 하늘 봐. 북극성이 보이네."

"북극성이 어디에 있어요? 어떻게 찾더라. 북두칠성 국자 끝 부분 별을 이어서 다섯 배 가면 되는 거 아니에요? 그런데 북두칠성이 안 보이는데."

"겨울에는 북두칠성이 지평선 아래에 있어서 카시오페이아로 찾으면 돼. 저기 더블유 모양의 양쪽 두 별을 안쪽으로 연결해서 만나는 점이랑 가운데 별을 연결해서 다섯 배 가면 있어. 저기 보이지?"

"보여요. 내가 다른 건 다 잘 외우는데 별만 나오면 전생의 기억 같아요. 카시오페이아로 북극성 찾는 것도 아빠가 말해 줬던 거 같은데."

"얌마, 순례자면 별 보고 방향은 찾을 줄 알아야지."

"요즘은 아이폰이 다 찾아줘요. 지난번에 선배랑 가거도에 여행갔다가 산에서 조난당했을 때도 G센서로 나침반 켜서 길을 찾았다니까요. 알았어요, 알았어. 공부할게요."

서운해하는 기색도 없는 아빠의 모습에 내가 더 머쓱해져 말이 길어진다. 여름에 아빠와 다시 걸을 때는 별을 더 올려다봐야지. 밤마다 별 보러 민박집 마당으로 사라지는 아빠를 한 번이라도 쫓아나가 봐야지.

✳

얼굴이 반질반질해진 세 사람이 다시 로비에서 만난다. 자판기에서 우유 세 개를 뽑는다. 두막이 엄마는 커피우유, 두막이 아빠는 그냥 우유, 두막이는 요거트 우유. 이렇게나 취향이 다른 셋이 오랜만에 열흘 동안 함께 24시간 반강제로 붙어 있었다. 오늘이 마지막 날이라니, 얼른 내 독립적 공간과 개인 시간을 찾아 서울로 돌아가고 싶다가도 이런 밤엔 일상으로 돌아가기가 싫어진다. 네 번으로 나누지 말고 그냥 이어서 걷자고 할걸 그랬다.

발심의 도장

도쿠시마 순례 지도

카가와

12番 焼山寺

카가와
도쿠시마
에히메
고치

고치

겨울날의 도쿠시마

봄날의 고치

봄날의 고치 01
내가 미쳤어

겨울 순례를 마치고 돌아온 서울에서는 밀린 일들이 반갑게 날 맞
이했다. 여행이라는 뽀샤시 사진 어플 필터를 걷어낸 서울의 삶에서
엄마와 마주칠 일은 아침에 한 번, 야근이 조금 일찍 마무리되면 밤에
아주 잠깐뿐이었다. 집에서 엄마를 마주칠 때면 괜히 오랜만에 만난
전우마냥 애틋한 기분이 들었다. 주말에도 계속 출근하다 하루 시간
이 빈 날, 엄마와 오랜만에 영화관 나들이를 했다.

《뚜르: 내 생애 최고의 49일》이라는 로드무비. 시한부 희귀암 선고
를 받은 청년 윤혁이 삶의 의지를 불태우며 우리나라에서 아무도 성
공하지 못했던 자전거 대회 '투르 드 프랑스' 3500킬로미터 완주에
도전하는 내용이었다. 성치 않은 몸을 이끌고 찌는 듯한 여름의 프랑
스 바위산을 오르는 그를 보며 마음을 졸이다가도, 내리막길의 풍광

이 나오면 입을 벌리고 같이 감탄했다. 오르막에서 페달 밟는 게 힘들 때 거침없이 욕을 내뱉는 윤혁을 보면서, 나도 내 감정에 조금 더 충실할 필요도 있겠다는 생각을 했다.

마지막 남은 가장 높은 언덕을 오를 때 손담비의 〈미쳤어〉의 전주가 흘러나오기 시작했다. 댄스곡을 군가처럼 부르는 그의 목소리가 영화가 끝나고 엔딩 크레딧이 올라갈 때까지 계속 맴돌았다. 눈물 콧물 범벅을 하고 영화관을 나왔다. 화장실에서 세수하고 올 때까지는 말 좀 안 걸었으면 좋겠는데, 엄마가 눈치 없이 말을 걸었다.

"아들, 우리도 봄 순례를 자전거로 할까?"

"엄마, 저 사람은 팀 닥터랑 스태프들이 저렇게나 많이 따라가고 도와준 거니까 간 거죠. 자전거를 어떻게 거기까지 싣고 가요? 또 비 오면 어떻게 하고. 그리고 예전에 엄마가 강촌에서 자전거 빌려서 구곡폭포 갔다 오다가, 둑길에서 바람에 날아간 모자 잡으려다 구른 거 기억 안 나요? 그리고 다시 자전거를 탈 수 있겠어요? 나도 노들역에서 한강으로 들어가는 자전거 도로에서 갑자기 꼬맹이가 튀어나와서 피하다가 굴렀잖아요. 지금도 종아리에 체인 자국이 드드득 남은 거 볼 때마다 심장이 벌렁벌렁한다니까요. 영화에서 죽음의 언덕 넘을 때 노래 흘러나온 거 기억나죠? 내가 미쳤어~, 정말 미쳤어~. 정말 딱 그 노래 같을걸요. 못 가요, 못 가."

두 달 후, 엄마와 23번과 24번 절 사이에 있는 간노우라역甲浦駅에 내렸다. 쌍둥이 같은 분홍색과 주황색 브롬톤 자전거 두 대와 함께 였다.

*

엄마의 황당한 '자전거 순례' 이야기를 그냥 넘기려다가 문득 헬카페 형들이 생각났다. 클라이언트와 브랜딩 디자이너로 만났던 우리는 몇 년이 지난 지금은 가까운 친구가 되었다. 마라톤 애호가인 요섭 형은 엄마와 산티아고로 떠나던 때에는 마라톤용 발가락 양말을 선물해 주며 우리 마음속 팀 닥터가 되었고, 성은 형도 어려운 일이 생기면 언제든 달려올 태세의 우리 팀이었다. 헬카페의 독특한 인테리어의 화룡점정인 매장 벽에 걸린 브롬톤 자전거 두 대가 생각나서, 접이식 자전거로 순례가 될지 궁금한 것들을 물어볼 참이었다.

"형, 요즘에도 자전거 좀 타요? 접이식 자전거로도 순례가 되려나? 엉덩이가 부르트든 자전거가 부서지든 할 것 같은데."
"엄청 튼튼하고 생각보다 잘 나가. 그런데 우리 자전거 안 탄지 몇 년은 됐을걸? 일이 바빠서 탈 시간이 없었네. 그냥 우리 거 가져가서 점검 한번 받고 타."

물건을 공짜로 빌리거나 받으면 생기는 채무감이 큰 편인데, 자전거로 순례가 가능할 것 같다는 이야기에 고맙다며 덥석 제안을 받아들였다. 자전거를 빌려 오고 이동용 캐리어를 대여하고 점검받고 엄마와 함께 자전거를 접었다 펴는 연습을 했고 길에서 발생할 비상 상황에 대비해서 자전거 수리도 공부했다. 대단한 기계치인, 심지어 잡지사에 다닐 때 손에 닿는 모든 전자 기기가 비실비실 앓고 고장나서 '윔 바이러스'가 별명이었던 내가 자전거 수리를 배우고 있다니. 스스로가 기특하다고 생각하면서 동시에 낯선 길 위에서 다시 윔 바이러스가 창궐해서 자잘한 소동이 일어날 것이 예상되어 걱정도 들기 시작했다.

✳

간노우라역에 내리면 태평양 바다가 넓게 펼쳐진다. 아사해안철도 阿佐海岸鉄道의 종착역인 이곳에서 기차는 더 이상 갈 곳이 없다. 동서로 긴 고치현의 윤곽을 따라 난 해안 도로만이 남는다. 세상의 끝에 다다랐다고 생각했다. 사람도 차도 별로 없는 곳에 엄마와 나, 자전거 두 대만 덩그러니 있다. 24번 절 호쓰미사키지最御崎寺까지는 40킬로미터. 절을 조금 못 간 바닷가 롯지에 묵기로 했다. 30킬로미터는 페달을 밟아야 하는데, 해가 좀 낮다.

푸른 바다, 붉게 물들어 가는 하늘, 무심하게 나는 갈매기와 엄마의 흥얼거리는 노랫소리가 전부인 풍경이 계속된다. 어느새 해가 지고 별이 떴는데도 롯지가 나올 기미가 보이지 않는다. 엄마도 지친 기색이 역력하다. 안장 때문에 엉덩이가 아프다며 쉬는 횟수도 늘어났다. 간간이 비추던 헤드라이트 불빛도 가로등도 희미한 어둠 속에서 문득 떠오른 노래를 틀었다. 엄마와 약속이라도 한 듯 목청껏 노래를 불렀다.

"내가 미쳤어, 내가 미쳤어. 그땐 미처 널 잡지 못했어. 나를 떠! 떠! 떠! 떠나! 버! 버! 버! 버려! 그 짧은 추억만을 남겨둔 채로 날."

노래가 끝나기도 전에 뒤에서 등 떠밀듯 바람이 불기 시작했다. 프랑스를 내달리던 윤혁이 우리의 페이스메이커가 되어 함께 달리고

있다고 생각했다. 빵빵했던 그의 팀 못지않은 우리의 든든한 팀원들 얼굴도 떠오른다. 엄마도 페달링이 경쾌해진다. 나도 어깨가 페달을 밟는 발이랑 같이 들썩거린다. 저녁도 굶었겠다, 미친 척 노래를 부르면서 조금 더 페달을 밟는다.

운명의 숫자, 88

역시나 무리였다. 집에서 새벽같이 출발해서 공항버스, 비행기, 다시 공항버스, 기차, 지선 열차를 갈아탄 후에 세상 끝의 기차역부터 자전거를 타고 여기까지 온 거다. 돌아보면 웃음만 나오는 일정이다. 민박집 저녁 시간이 두 시간이나 지나고 도착한 탓에 거들떠보기도 싫은 자전거를 다시 타고 나가 편의점에서 인스턴트 우동과 샐러드, 맥주 두 캔을 샀다. 다다미에 앉아 늦은 저녁을 먹는다. 환갑 넘은 엄마랑 이게 무슨 사서 고생인가 싶어 머리가 복잡한데, 눈앞의 엄마는 유튜브 먹방 채널을 운영해도 될 모양새로 우동과 맥주를 흡입한 후 내 맥주까지 슬쩍하는 중이다. 먹자마자 일정 정리한다고 공책을 펴고 엎드린 엄마는 그새 잠들어 버렸다. 에라 모르겠다, 불을 끄려는데 스위치 옆에 붙은 포스터에 크게 적힌 88이 눈에 들어왔다.

엄마는 우연에 의미를 부여하고 기뻐하는 사람이었다. 굳이 사소한 것들에 의미 부여가 필요할까 생각했는데, 어느새 나도 작은 것에서 공통점을 찾고 소소하게 행복해하는 사람이 되었다. 열 시도 안 된 시간에 모두 잠든 바닷가 민박집에 홀로 누워 곰곰이 생각해 보니 88도 참 재미있는 숫자다. 우리가 돌고 있는 시코쿠 88개의 사찰 때문만이 아니라 여러 이유로 88이 이 여행과 인연이 깊다.

우선 88을 옆으로 돌려 보면 알 수 있다. 뫼비우스의 띠 모양이 두 개. 88번 절에 도착하면 다시 1번 절로 돌아가야 하는 이 길은 멈추지 않고 걸으면 뫼비우스의 띠같이 영원히 계속된다. 두 개의 띠가 엄마와 나 같다. 여행을 올 때마다 '이 여행이 결별 여행'이라고 다짐하는데, 결국 또 이렇게 같이 길을 떠나는 모습이 그렇다. 그러고 보니 아빠가 평생 사랑에 빠져 있는 하늘의 별자리도 88개다. 지금은 내가 스트레스 받은 날에만 열고 뚱땅거리는, 엄마에게 물려받은 오래된 업라이트 피아노의 건반 개수도 88개. 이쯤이면 우리 집 전화번호에도 88이 들어가야 할 판국이다.

두 번째는 1988년에 결성되었다는 삼소회 때문이다. 어렸을 때 가톨릭 수녀, 불교 비구니, 원불교 교무들이 한데 모여 노래 부르는 음악회를 본 적이 있다. 여러 다른 종교의 여성 수도자들이 만든 봉사 단체라고 했다. 88 서울올림픽에 가려져 주목받지 못하던 패럴림픽 선수들을 위한 모금을 하면서 이 모임이 시작되었다고 했다. 종교라는 큰 장벽을 넘어 한목소리를 내는 그들을 보면서, 어린 마음에 다른 종교의 문턱을 넘나들었다. 친구네 교회에 불려가서 장구도 치고, 외할머니를 따라 절에도 갔다. 그렇게 그 음악회 날을 시작으로 뜬금없이 불교 순례길까지 오게 된 건 아닐까 싶다.

마지막으로 한 가지 더, 내가 88년생이다. 뿐만 아니라 산티아고 순례길을 걸을 때 우연히 만난 88년생 친구들 – 영진, 서림, 가희, 독일에서 온 미셸, 일본에서 온 세리와, 애순이 아줌마를 대표로 하는 88년생 자녀를 둔 분들도 많이 만났다. 먼 길 위에서 서로 호구 조사를 하고 나서 알게 된 공통분모였지만, 그들과 여행을 마치고도 계속 인연을 이어가고 있는 걸 보니 88이라는 숫자와 인연이 있는 것은 분명하다고 생각하다가 깜빡 잠이 들었다.

✳

파도 소리에 잠에서 깼다. 창을 열었더니 파란 바다가 가득이다. 이 풍경 앞에 오래 앉아 있고 싶은데 오늘도 우리는 페달을 밟아야 한다. 아침 식사를 하는데 독일어 억양이 묻은 영어가 들린다. 50대쯤으로 보이는 순례자 아주머니였다. 오스트리아에서 왔는데, 벌써 세 번째 이 길을 걷고 있다고 했다. 엄마들의 오지랖엔 국경이 없다. 밥 먹던 엄마랑 서로 호구 조사를 시작하더니, 자기 아들도 88년생이라며 88년생 애들을 둔 엄마들끼리 사진을 찍겠다고 하니 말이다. 그러다가 우리 먼저 출발한다고 길을 나섰다. 한참 가서 물 한 모금을 마시는데 뒤따라오던 그녀를 다시 만났다. 어째 이상하다. 우리는 자전거를 타고 그는 걸었는데 말이다.

"그런데 자전거 안장이 왜 그렇게 낮아? 불편하지 않아?"
"음, 우리는 다리가 짧으니까요. 한국에서는 그걸 '팩트 폭

력'이라고 불러요. (웃음) 짧은 우리 먼저 출발할게요! 길 위에서
또 만나요."

　　도보 순례보다 훨씬 빠른 자전거의 속도를 생각했을 때, 이 길 위에
서 그녀를 다시 만날 확률은 0에 가까울 것이다. 하지만 우리의 안장
이 생각보다 더 낮았는지, 아니면 우리가 자주 쉬었는지, 하루종일 그
녀를 세 번이나 더 만났다. 만날 때마다 멋쩍은 웃음만 지었지만 이거
하나는 분명해졌다. 우린 88이랑 뗄 수 없는 운명인 게 틀림없다고!

오르고 또 오르면

　아침, 나하리奈半利의 시골 호텔에서 일어났다. 자전거로 달릴 만큼 달리다가 지도에서 발견해서 무턱대고 들어간 숙소치고는 근사했던 호텔. 별관으로 따로 지어진 온천과 저녁 식사 모두 호사스럽게 누렸다. 엄마는 도시에서라면 몇 배는 비쌀 거라며 시골 여행자만 즐길 수 있는 일이라는 듯 즐거워했다. 자전거 순례는 걸을 때와는 확실히 마음가짐이 다르다. 자전거로는 혹시 숙소가 없을 때 다음 마을까지 좀 더 페달을 밟는 게 가능할 거란 생각 때문일 거다. 좀 더 가벼운 마음가짐에 걸을 때만큼의 신체적, 심리적 피로도는 적지만, 반대로 빠른 속도로 이동하면서 놓치는 것들이 많겠지. 엄마가 좋아하는 들꽃들, 낙엽과 흙을 발로 밟는 촉감, 걸으면서 다른 순례자들과 나누는 소소한 대화들 같은 것.

아침에 다시 온천에 내려가서 몸을 담그고, 뻐근한 다리를 풀었다. 식당에서 엄마와 다시 만나서 반질반질해진 서로의 볼을 쳐다보다가, 이렇게 여행하다가는 꿀 피부가 되겠다며 수학여행 온 친구들같이 꺄르르 웃었다. 조식으로 나온 주먹밥과 미소된장국을 먹으면서 지도를 봤더니 어제는 43킬로미터를 달렸다. 그래도 경치 좋은 해안가를 따라 낮시간에 달리는 것은 그저께의 야간 라이딩에 비하면 별일이 아니었다. 걱정했던 엄마의 무릎도 엉덩이도 괜찮다. 자전거만 타면 안장 때문에 엉덩이 근육을 아파하던 엄마가 멀쩡한 것은 두 가지 비밀 노하우의 결과였다. 첫 번째는 자전거 안장 바꾸기. 호리호리하게 생긴 원래 브롬톤에 달려 있던 자전거 안장을 떼어놓고, 엄마가 장볼 때 타고 다니던 너부데데한 삼천리표 자전거 안장을 바꿔 끼웠다. 두 번째는 안장 감싸기. 머플러를 안장 위에 덧댄 뒤 엄마의 넥 워머를 그 위에 씌워서 셀프 안장 덮개 완성. 예전 같았으면 앉을 때도 아프다고 했을 엄마가 쌩쌩해서 다행이다. 컨디션도 날씨도 좋은 봄날. 다시 라이딩의 시작.

✳

오늘은 자전거로 만나는 첫 헨로고로가시이다. 27번 절 고노미네지神峯寺가 바닷가 산꼭대기에 있어서 가파른 오르막이 4킬로미터나 이어진다는 가이드북을 보고 조금 겁을 먹었다. 언덕이 시작될 무렵, 자전거를 묶어 놓고 걸어갈까 생각하다가 지도를 보니 내려오는 길이 달라 보인다.

"여기에 자전거를 묶어 놓고 갈까?"

"길이 어떻게 될지 모르니까 끌고 올라가는 게 낫지 않을까요?"

"나 내리막길 무서워서 또 끌고 내려와야 하는데?"

"천천히 타고 내려오면 되죠~."

　아직은 조금 쌀쌀한 봄바람이 불어왔지만, 몇 번을 쉬며 가며 느린 속도로 꼭대기에 다다랐을 때는 등이 흠뻑 젖었다. 걸어서 오르기도 가파른 길을 자전거를 끌고 올라왔으니 그럴 만도 했다. 여기까지 올라온 엄마가 대단하다고 칭찬하면서 절 주차장에 자전거를 묶어두고 계단을 올라가는데, 예상치 못한 풍경에 탄성이 저절로 나왔다. 새빨간 꽃 무더기가 사찰 주변을 뒤덮고 있었다. 아직 시코쿠에 벚꽃도 피지 않은 것을 애석해하며 아침을 먹은 게 몇 시간 전이다.

높은 산꼭대기에 빨간 꽃 무더기를 포함한 일본 정원이 가꿔져 있는 게 인상적이었다. 내려갈 일이 한참이지만, 납경을 받고 나서 엄마와 벤치에 앉아 여유를 부린다. 엄마가 지도에서 읽은 이야기를 해준다. 종루 옆에 솟아 나오는 샘의 이름은 '고노미네노미즈神峯の水'. 중병을 앓던 사람이 꿈속에서 코보 대사를 만났는데, 이 물을 마시라고 알려줘서 마신 후에 목숨을 건졌다는 사연이 있다고 한다. 산티아고 순례가 끝나고 같이 올랐던 산꼭대기의 몬세라트 수도원이 생각난다는 이야기를 했다. 고노미네노미즈도 가톨릭 성지에서 성수를 사 와서 집 안 곳곳에 뿌리던 거랑 비슷한 것이겠거니 생각하니, 어렵게 느껴지던 불교 이야기도 훨씬 가까워진다.

올라올 때도 가파르다고 생각했는데, 자전거 잠금 장치를 풀고 내려갈 길을 바라보니 경사가 장난이 아니다. 엄마는 이미 자전거를 끌고 저만치 내려가고 있다. 그래도 자동차가 다니지 않는 위험 요소 적은 아스팔트길이어서였을까. 엄마가 잠깐 멈추더니 자전거에 앉는다. 브레이크를 꽉 잡은 채로 출발하더니 조금씩 속도를 올린다. 걱정이 앞서는데 엄마의 반응이 이상하다.

"와, 너무 재미있다. 왜 이걸 무서워했지?"
"엄마! 너무 빨리 가면 안 돼요. 브레이크 잘 잡고!"
"나 내리막 공포증이 있었는데, 내리막 즐김증으로 바뀌는 것 같아. 와아아~!"

앞서 내려가는 엄마의 웃음소리가 바람 소리와 섞여 적막한 산중에 울려 퍼진다. 엄마가 생전 안 해본 일들을 한다. 도전하고 변화한다. 수십 명이 한 방에 들어가는 도미토리에서도 머물러 보고, 외국어로 친구들을 사귀고, 길 위에서 그림을 그리고, 생판 모르는 나라에서 수백 킬로미터를 걷더니, 이제는 평생 무서워하던 자전거로 내리막길 내려가기를 한다. 간신히가 아니라 충분히 즐기면서. 엄마의 이런 작은 변화들이 나도 변화시키고 있다.

엄마 뒤를 따라 페달을 밟는데 어느새 평지가 나왔다. 아까는 보이지 않던 또 다른 꽃밭이 눈앞에 펼쳐진다. 여기가 천국인가 싶다. 엄마는 내려서 사진을 찍다가 네잎클로버를 찾고, 나는 그런 엄마를 찍는다.

인생의 힘든 산을 오르게 될 때 오늘 본 산꼭대기의 풍경을, 그 산을 내려오던 엄마의 웃음소리를, 다 내려왔을 때 만난 이 꽃밭을 기억하기로 한다. 생각지 못한 마음의 선물을 이 길 위에서 자꾸 받는다. 눈과 귀와 마음으로 담은 선물들, 떠나오지 않았으면 몰랐을 것들을.

봄날의 고치 04
비를 견디게 해주는 것들

언제나 나는 비를 싫어했다. 엄밀히 말하자면 비에 양말이 젖은 채로 다시 발걸음을 내딛는 것이 싫었다. 옷자락이 젖거나 전자 기기가 비에 젖어 망가져도 별 느낌이 없지만, 발끝이 살짝 젖는 건 여전히 끔찍하다. 자매품은 다른 집 화장실에 들어갔다가 덜 마른 화장실 슬리퍼에 양말이 아주 조금 젖는 것. 지난밤에도 비에 젖은 양말을 말린다며 슬픈 눈을 하고 헤어드라이어를 돌리다가 지쳐 잠에 들었다.

이른 새벽, 비바람 소리에 눈이 떠졌다. 그렇게 우리를 괴롭힌 봄비가 아직도 내리나 보다. 산을 향해 난 창문을 열었더니, 흐드러지게 핀 벚꽃이 비바람에 눈 내리듯 흩날린다. 생각지 못한 근사한 장면에 당황해서 창밖을 한참 쳐다보다가, 정신을 차리고 몸을 일으켰다. 엄마는 헤어드라이어로 덜 마른 옷가지를 말리고, 나는 엎드려서 오늘 갈 동네를 지도로 먼저 살핀다. 느지막이 1층으로 내려가 잘 차려진 아침을 먹고, 각자 온천에서 씻고서 천천히 방에서 만나기로 하고 엄마와 헤어졌다. 남탕에 사람이 아무도 없다. 아담한 온천을 전세 낸 듯 누비고 다니다가 노천탕에 앉았는데, 새벽에 창밖으로 보이던 벚나무에서 꽃잎이 날아와 탕 위에 내려 앉는다.

✳

"자전거 페달만 밟다가 걸어서 움직이려니까 걸음이 안 떨어지네. 바닥이 발을 자꾸 붙잡는 것 같아. 그런데 너 자꾸 바닥만 보고 걸을 거야? 앞에 저 연못 좀 봐봐. 안개가 껴서 더 예쁘다."
"여기 물웅덩이 천지잖아요. 신발이 젖을까 봐 그러죠."
"너도 참."

가방과 자전거를 료칸에 맡기고 우산만 쓰고 36번 절 쇼류지靑龍寺까지 걷는 길. 절까지 이어진 작은 수변 공원이 안개에 싸여 몽환적이다. 신선의 나라에 가는 기분으로 끝없이 솟은 계단도 금방 올랐다. 비에 젖은 사찰에는 젊은 순례자 한 명과 우리뿐이다. 처마 밑에서 비를 피하면서 신선이라도 된 듯 뒷짐을 지고 눈앞의 그림 같은 풍경을 한참 바라보았다.
다시 료칸에 들러 비와 맞설 무장을 하고 길을 나선다. 어제 우리를 바다로 끌어당기는 것 같던 우사대교宇佐大橋도 다시 건너려니 두렵지 않다. 엄마도 어제보다 페달을 밟는 모습이 좀 가볍다. 대학교 앞에는 왠지 맛집들이 많을 것 같아서 35번 절 기요타키지淸滝寺를 들러 고치

대학교 앞에서 점심을 먹기로 했다. 하지만 날씨가 호락호락하지 않다. 어제만큼이나 비바람이 세다. 스패츠와 우비 사이로 빗물이 스며들어 몸 곳곳이 으슬으슬하다. 점심때가 지나서야 간신히 고치대학교 건너편 아사쿠라역에 도착해 역사에 자전거와 가방을 묶었다. 그런데 대학교 앞이라더니 동네가 너무 적막하다. 일본은 4월에 학기가 시작해서 아직 방학이라 문을 다 닫은 건가 싶을 정도로 셔터가 내려져 있다. 편의점에는 앉을 만한 의자도 없다. 이러다가는 빗속에 서서 편의점 오니기리를 먹을 판국이다.

✳

"어, 아들! 저기 건너편 2층에 밥집 아니야?"

"카페같이 생겼는데. 커피랑 케이크로 밥이 되겠어요?"

"그래도 한번 가보자. 저기도 안 되면 편의점에서 도시락 사서 역으로 갈까?"

"추워 죽겠어요. 그렇게 먹다가는 체할 것 같은데……."

다행히 길 건너편 카페에서는 점심 메뉴를 팔고 있었다. 2층 계단참에 비옷을 걸어 놓고, 물기를 대충 털고 가게로 들어갔다. 행색이 말이 아니지만, 문 앞에 붙은 'Go with Dog'이라고 적힌 스티커의 엉터리 영어에 비에 젖은 우리도 받아 줄 거라는 확신이 들었다. 비만 피해도 좋았을 텐데, 우리가 주문한 그린 커리는 위로의 레시피 리스트에 올려도 될 급이었다. 벽에 가득 붙은 여기에 왔던 강아지 손님들 사진, 엄마 나이대 스태프의 따뜻한 미소, 미리 나온 스프 한 그릇과 식사, 디저트로 나온 시폰케이크까지 흠잡을 데가 없는 위로의 식사가 되었다. 엉덩이가 무거워져 일어나기가 힘들다. 여기 앉아 저녁까지 먹고 싶은 마음을 꾹 참고 간신히 일어나 다시 비에 맞설 준비를 한다.

밖은 여전히 비가 내렸다. 엄마의 뒤를 따라 묵묵히 페달을 밟는다. 오늘의 비를 견디게 해준 것들을 떠올려 본다. 비를 맞기 전에 몸을 데워준 노천탕, 벚꽃 흩날리는 비 오는 날 한정 풍경, 그리고 맛있는 식사. 인생도 마찬가지일 것이다. 분명 피하지 못할 급작스런 비를 맞는 날도 있겠지. 하지만 양말 젖은 기분으로 살아가야 할 우리의 날들에도 분명 오늘의 그린 커리 같은 것들이 있을 거라 믿는다.

봄날의 고치

습기 제거제

오늘도 종일 비를 맞으면서 페달을 밟았다. 주위가 어둑해져 자전거 헤드라이트를 켜고 나서야 도착한 시만토 시내는 비가 와서 어두컴컴한 데다가 번화한 구석이 하나도 없다. 지도는 다 왔다고 말하고 있는데 빈집만 많아 보이는 골목에서 십 분쯤 헤매다가 간신히 찾은 오늘의 숙소 2층에 짐을 풀었다.

귀곡산장이라고 해도 좋을 것같이 낡고 음침한 여관이다. 엄마한테 미안한 마음이 드는데, 비 오는 밤에 더 나은 숙소를 찾아 페달을 더 밟을 수도 없다. 포기하고 현관과 방 사이 벽에 붙은 세면대에 손을 닦으려다가, 하수구에서 올라온 것 같은 초대형 거미를 발견했다. 심장이 철렁할 정도로 놀랐지만 비명을 삼켰다. 엄청나게 큰 거미가 방에 있다고 엄마한테 말했다가는 오늘밤 잠은 다 잤다 싶어서, 사투

끝에 간신히 산 채로 물에 떠내려 보내고 방으로 들어갔다. 거미와의 사투를 모르는 엄마가 허리 좀 펴고 나서 저녁 고민을 하잔다. 이불을 펴고 잠깐 누웠는데 팔다리에 거미가 기어 다니는 기분이다. 역시 다른 숙소로 옮길걸 그랬나?

비가 오는 폐허의 도시, 거미까지 출몰한 이 습한 다다미방에 엎드려서 참 신기하다고 생각했다. 비에 젖는 것, 폐허, 다리 개수가 많은 벌레, 습기. 내가 괴로워하는 것들이 이렇게나 많은데 기권을 하지 않고 내일 갈 길을 지도 펴고 살피고 있는 내가 신기했고, 마찬가지로 포기하지 않고 이 길에 적응한 엄마가 신기했다. 이 길에서 혼자였다면 어땠을까 잠시 상상해 본다. 분명 점프 뛰어 이 섬의 몇 안 되는 도시로 갔을 것이다. 아니, 비행기표를 끊어서 도쿄로 삿포로로 친구들이랑 술 마시러 갔을지도 모르지. 나 혼자라면 도망치고 피했을 상황을 엄마와 함께라는 이유로 겪어내고 있다. 든든하기도 고맙기도 애틋하기도 한데, 내 맘을 알 리 없는 엄마는 차를 끓여 찻잔을 건넨다. 한 모금 마시니까 걱정도 조급함도 온기와 함께 녹는다.
　몸을 조금 데우고 나서, 이 동네에 저녁 먹을 식당은 있을까, 걱정을 안고 1층으로 내려갔다. 주인 아주머니에게 반은 포기한 상태로 주위 식당을 물어봤더니, 언니가 길 건너에서 이자카야를 한단다. 언니 가게라서 추천하는 것은 아니지만 음식들이 신선하고 맛있으니 고려해 보라는 이야기를 건넨다. 의심쩍은 눈빛을 숨기고 고맙다고 하고 나서려는데 신발을 신을 수가 없다. 신발에 뭐가 들어 있다. 자세히 보니 신문지 뭉치다. 종일 비 오는데 자전거를 타서 젖은 우리 등산화에 신문지를 구겨서 정성스레 넣어놓은 것. 신문지를 빼내니 벌써 습기가 많이 빠졌다. 엄마는 나보다 더 감동한 눈치다. 인사를 하려고 뒤돌았더니 주인 아주머니는 소리 없이 사라지고 난 뒤였다.

✳

숙소와 비슷한 시기에 오픈했을까 싶은 오래된 식당에는 손님이 우리밖에 없었다. 아니, 이 마을에 외지인이라고는 우리밖에 없지 않을까 싶다. 영어 메뉴판도, 검색이라도 해볼 수 있는 프린트된 활자도 없다. 손글씨로 휘갈겨 쓴 일본어 메뉴가 전부. 엄마와 암호 해독하듯 메뉴판을 들여다보다가, 추천 좀 해 달라고 말을 꺼냈더니 아뿔싸. 그때부터 두 시간 동안 아주머니의 음식과 수다 삼매경의 늪에서 빠져나올 수 없었다. 아들과 손자 손녀 자랑, 우리 엄마와 동년배라는 무국적 반가움, 시코쿠 순례에 대한 조언, 내오는 음식 소개의 무한 루프. 아주머니의 말을 옮기려면 책 한 권이 부족하지만 가장 기억나는 대사는 이거다.

"시만토강과 앞바다는 우리에게 많은 것을 줘요. 주민들은 생태계를 거스르지 않을 만큼만을 강에서 잡아 올리죠. 지금 먹는 매생이튀김, 가쓰오 타다키, 작은 생선튀김과 구이, 초밥 모두 아들이 오늘 아침에 잡아 온 것들이에요. 건강하고 신선한 음식을 먹고, 좋아하는 요리를 만들어 내고, 손님들과 이야기를 나누고, 이만하면 제일 행복한 사람 아니겠어요? 저 벽 좀 봐봐요. 손님들이 여기서 사진을 찍은 다음에 나중에 편지에 넣어 보내 준 것들이에요."

"저희도 나중에 사진 뽑아서 보내라는 말씀이시죠? 알겠어요. 여기에 우리 엄마랑 같이 서 보세요."

도망치고 싶던 마을에서 행복을 말하는 이를 만났다. 로컬 푸드와 함께하는 시골의 삶, 우리와 너무 다른 그녀의 삶을 떠올리며 엄마와 나의 앞날을 생각해 본다.

돌아온 숙소는 그대로다. 밤이 깊으니 귀신이 나와도 별일 아닐 것 같이 음침하기 이를 데 없다. 하지만 비와 어둠에 젖은 마음은 좀 덜하다. 건조기를 돌린 것만큼 뽀송뽀송하지는 않지만, 물기는 좀 사라진 기분이다. 아마도 작은 습기 제거제들을 선물 받아서겠지. 엄마가 건네준 따뜻한 녹차 한 잔, 주인 아주머니가 신발에 넣어 준 신문지 뭉치, 시만토강에서 온 맛있고 신선했던 저녁 요리들, 그리고 늦은 밤의 소소한 수다. 아직도 비가 멎지 않는 이 길 위에서 여러 사람에게 받은 아주 작은 습기 제거제들. 호주머니에 넣어 뒀다가 언제든 습한 마음이 드는 날에 다시 꺼내 쓸 수 있을 것만 같은 소비 기한 없는 작은 조각들.

봄날의 고치 06

술꾼들의 도시

　나는 술을 잘하지 못한다. 담배는 입에 대본 적도 없다. 지금 생각
하면 우습지만 어렸을 때는 그게 꽤 콤플렉스였나 보다. 술 담배를 하
면서 사람들과 친해질 수 있다고 믿었는지 대학교에서 근로 장학생
을 할 때는 조교님들이 담배를 피우러 나가면 조그마한 막대사탕을
물고 따라 나가기도 했고, 학과 MT 때는 동기들과 술 템포를 맞추지
못하는 게 속상하다며 만취해서는 동기 형 무릎을 베고 꺼이꺼이 울
었다는 목격담도 있다. 술을 조금만 먹어도 발개지는 얼굴이 싫었고,
술 먹으면 나만 비 맞은 강아지같이 오들오들 떠는 것도 싫었다. 게다
가 알코올이 좀 더 들어가면 아무에게도 공감받지 못하는 나만의 부
작용이 일어나는데, 바로 '이상한 나라의 대한' 효과다. 《이상한 나라
의 앨리스》의 내용같이 눈앞의 풍경이 다 미니어처로 변해 버리는 것

이다. 왕복 2차선 도로인 집 앞 골목에서 어깨가 양 끝에 닿을까 잔뜩 움츠린 채 걷고, 내 키보다 한참은 높은 대문을 들어갈 때는 허리까지 숙이고 들어간다. 처음에는 술자리 농담거리로 이야기했지만, 정말 사고가 나거나 위험할 수 있다는 주위 사람들의 반응에 결과적으로 나는 술을 잘 마시지 않게 되었다.

스물에 주량을 알아버리고 슬펐던 나와 달리 엄마가 자신의 주량을 알 수 있었던 건 예순 가까이, 산티아고 순례길 위에서였다. 결혼 전에는 공부하느라, 결혼 후에는 나를 키우느라 술자리에 가본 적이 없던 엄마의 주량을 넘겨짚은 내가 잘못이었다. 오랫동안 내 주량은 맥주 한 모금만 해도 눈 주위가 판다같이 빨개지는 아빠와 잘은 모르지만 엄마의 합작일 것으로 생각해 왔다. 하지만 순례길에 한낮의 더위를 피하러 들어간 바에서 타파스에 곁들여 레몬 맥주를 한 잔 마시고서, 저녁에는 순례자 메뉴 2인분에 따라 나오는 와인 한 병을 다 마셔 버리고도 멀쩡한 엄마를 보고 나서 나는 아빠만 닮은 것으로 빠른 정정을 했다.

엄마의 변화로 우리 집도 많이 변했다. 이제는 밤늦게 집에 들어갈 때 가끔 '세계 맥주 네 캔 만 원' 봉지를 흔들고 들어가는 게 내 낙이 되었다. 그러면 하루에 두 캔이 소비되고, 나머지 두 캔은 냉장고 행이다. 엄마 혼자 한 캔, 나는 아빠한테 두 모금 어치 따라주고 나서 레몬 탄산음료를 섞어서 레몬 맥주를 만들어 마신다. 남은 반 캔은 마지막에 다시 엄마가 '먹어 치우는' 것이 우리 집의 암묵적인 규칙이 되었다. 냉장고에 남은 두 캔도 소리소문없이 사라지는 것은 비밀. 그렇다고 엄마가 술꾼이 되었다는 것은 아니다. 가끔 여행을 가서 엄마와 나눌 수 있는 일이 하나 더 생겨서 기쁘다.

✳

오늘 저녁은 고치 시내의 히로메 시장에서 먹기로 했다. 낮에는 식재료를 판매하지만, 밤에는 실내 포차 같은 느낌이 나는 곳이라고 했다. 해가 지고 일본 술병같이 짙은 파란색 하늘 위에 초승달이 뜰 때쯤까지 수로를 따라 달리다가 관광호텔에 체크인했다. 짐만 풀어놓고 다시 저녁을 먹으러 길을 나선다. 자전거를 오래 탄 날은 이렇게 걸으면서 다리를 풀어 주는 게 좋다며 엄마는 앞으로 걸었다가 뒤로 걸었다가 하는데, 종일 자전거를 몰고서도 에너지가 남는 엄마가 이제는 신기하다. 시장으로 가는 길에 아케이드 상점가를 지난다. 소도시 기차역 앞 광장같이 아케이드도 일본 어느 도시에나 비슷한 모양으로 있어서 사진만 찍어 놓고 나중에 보면 어디가 어딘지 구분이 어렵다. 확실히 젊은 사람들이 외지로 빠져나갔는지 상점가 전체가 한산하다. 천천히 구경하며 걷다가 한 점포에서 구멍이 뚫려 있는 도자기 잔을 발견했다.

"엄마, 저 구멍이 왜 뚫려 있는지 아세요?"
"바람구멍인가?"
"술잔이에요. 저 구멍을 손가락으로 막고서 술을 따라 마시는 거래요. 손을 떼면 술이 새어 버리니까 그 전에 빨리 마시라는 거죠."
"여기 사람들도 술을 엄청 좋아하나 보다."
"고치가 일본 전체에서 술 소비량이 제일 높은 동네래요."
"그래? 조용하고 평화롭기만 한데."

엄마가 진짜 고치를 만나기까지는 얼마 걸리지 않았다. 아케이드를 빠져나갈 때쯤 시끌벅적한 소리가 나는 곳을 향해 걸었더니 히로메 시장이라고 적힌 건물 입구가 나왔다. 생선 굽는 냄새가 진동하고 왁자지껄 데시벨이 꽤 높다. 실내에 있는 작은 점포들에서 음식을 팔고, 가운데 놓인 테이블에서 먹는 푸드코트 같은 구조. 엄마와 이렇게 전쟁통 같은 음식점에 오는 건 처음이다. 엄마가 불편해할까 싶었는데, 벌써 자리를 잡고 앉았다. 빈자리가 하나밖에 없어서 얼른 앉았다며 승리의 브이 손짓을 한다. 자리를 빼앗기면 안 되니 돌아가면서 먹고 싶은 걸 사서 다시 만나기로 했다. 십 분 후, 마주 앉은 둘의 취향이 딱 나

온다. 나는 장어 껍질 튀김, 가쓰오 타다키, 오도로 초밥, 가니 미소를 사 왔고, 엄마는 계란 초밥과 반숙 달걀 장조림, 그리고 교자(만두)와 맥주 세트를 테이블에 내려놨다. 내 맥주도 한 잔 더 사 와서 자리에 앉는다.

"교자 먹으니까 생각나네요. 엄마, 긴자노교자銀座の餃子(긴자의 만두) 발음해 봐요."

"왜?"

"지난번에 일본 친구들이랑 교자를 먹다가 들었어요. 외국인이 발음하기 어려운 단어라고 하면서 가르쳐 줬는데 나도 잘 안되네. 깅쟈노교오쟈 - 라고 해야 되는데."

"깅쟈노교오쟈-."

"우와, 엄마 한 번에 되네요. 신기하다."

"엄마 학교 다닐 때 친구들이랑 일본어 공부했다니까. 일본
에서 오래 살다 온 할아버지 선생님한테 배웠는데, 지금은 돌아
가셨겠지. 벌써 몇 년 전이야? 40년이 다 되었네."

"40년 전에 배운 게 기억이 나요?"

"40년 전 일은 기억나고, 어제 일은 기억 안 나."

조용할 것만 같던 일본 사람들의 데시벨 큰 술자리에 놀라면서, 우
리도 목소리를 키워 소소한 이야기를 나누며 맥주잔을 부딪는다. 엄
마의 학생 때 이야기를 듣다가, 술을 잘 못해서 애석했던 내 대학 시
절 이야기도 꺼낸다. 그래. 술은 이렇게 마셔야지. 강요에 의해서도,
목적을 위해서도 아니고, 좋아하는 사람과 함께 무리하지 않는 선에
서 가볍고 즐겁게, 딱 오늘같이 말이다.

봄날의 고치 07

빵 이야기

엄마는 퇴직 후 지금까지도 배움을 놓지 않고 있다. 한식, 양식, 중식, 제과, 제빵, 바리스타, 일본어까지 배우다 못해 자격증까지 땄다. 자격증 컬렉터라고 해도 될 정도이다. 아마 내 뱃살의 8할은 엄마의 자격증 준비 기간에 쏟아져 나오던 맛있는 음식들 때문이 아니었을까 싶다. 그럴 때면 나도 괜히 신나서 먹고 싶은 요리 레시피가 담긴 책을 사서 엄마한테 선물하기도 하고, 나도 옆에서 같이 만들어 보기도 했다. 제빵 기능사에 이어 제과 기능사를 준비하던 때에는 쿠키와 마들렌, 그리고 컵케이크 같은 발효시키지 않는 빵이 매일 집에서 쏟아져 나왔다. 나도 옆에서 도우면서 신나서 빵 브랜드 디자인까지 했다. 갓 나온 빵을 담은 봉지에 '상도동손빵집' 스티커를 붙여 학교로 사무실로 지고 날랐다.

요즘 우리 집 제빵 기능사 엄마 손에서 생산되는 빵이 한 종류 있다. 제빵기에 반죽을 한 후에 그 안에서 그대로 구워 내는 이른바 제빵기 빵. 제빵기 뚜껑의 안쪽 굴곡까지 그대로 박혀서 버섯 폭탄 같은 독특한 모양새를 갖추고 있다. 모양은 좀 그래도 온갖 건강 요소가 다 들어가긴 했다. 아마씨와 베리류, 호두와 호밀까지. 엄마가 성당이나 모임에 가지고 가면 아주머니들이 앉아서 그 큰 빵을 다 뜯어먹었다는 이야기를 들었다. 엄마 친구나 동네에 혼자 사는 할머니들까지, 엄마의 못생긴 빵의 배달 범위는 넓다. 엄마 친구 한 분은 빵 레시피를 배우고 싶다고 무턱대고 내가 자고 있던 아침에 우리 집으로 쳐들어오기도 할 정도였다.

봄에 시코쿠로 떠나오기 직전, 도대체 뭔 빵이길래 하는 생각에 작업실 멤버들의 반응이라도 봐야겠다며 갓 나온 빵을 하나 들고 작업실로 향했다. 역시나 반응들이 대단하다. "으악, 저 테이블 위에 빌딩 같은 빵은 뭐예요?" "저게 빵이에요?" 좋다. 이 반응을 담아 다시 '상도동손빵집'의 이미지에 훼손이 안 가도록 예쁜 모양의 빵 제작을 엄마에게 요청해 볼 심산이었다. 하지만 문제가 생겼다. 한 멤버가 빵을 뜯어먹기 시작하더니, 모두 빵이 있는 테이블로 모였다. 맛있단다! 모든 세상사에 시큰둥한 작업실 마스코트 노견 '하루'도 찾아왔다. 조금 떼어 먹였더니 심 봉사가 눈 뜬 듯 테이블 위로 달려든다. 아니 이게 무슨 상황일까. 빵을 먹던 멤버들이 이 독특한 모양도 맘에 든단다. 금방 그 큰 빵이 다 사라져 버렸다.

예상 외의 결과다. 이왕이면 같은 맛이라도 담아내기가 중요하다며 엄마의 제빵기 빵 리뉴얼을 시도해 볼 작정이었지만, 지금 반응대로라면 이 정체불명의 버섯 빵이 상도동손빵집 대표 메뉴가 되어도 손색없겠다. 그나저나 엄마의 빵 팬이 열 명이나 더 늘었다. 서울에 돌아가면 다시 손빵집 조수가 되어 가끔씩 빵을 들고 출근해야겠다고 생각했다.

✳

오늘은 자전거를 놔두고 걸으면서 다리도 풀 겸 하루 쉬어 가기로 했다. 고치 시내 산책을 하는데 도시 곳곳에 호빵맨(일본에서는 앙팡맨) 캐릭터 천지다. 역부터 시작해서 상점, 길거리, 심지어 볼라드 위에도 호빵맨이 서 있다.

이 도시에 세뇌당한 걸까. 고치역에서 버스로 갈 수 있는 '앙팡맨 뮤지엄'에 가기로 하고 나서다가 빵집에서도 호빵맨 모양의 빵을 발견했다. 캐릭터의 모티프 물성을 그대로 섭취하는 것에 조금 미안한 마음이 들었으나, 배고픔엔 가릴 게 없다. 뮤지엄 가는 버스도 호빵맨 버스. 외부 시트부터 내부의 안내들까지 호빵맨 캐릭터들이 가득이다. 버스에서 호빵맨 얼굴을 야금야금 떼어 먹으면서 엄마한테 말을 건다.

"잔인해 보여도 이게 진짜 호빵맨을 느끼는 거예요, 엄마. 호빵맨은 배고프고 굶주린 사람한테 자기 얼굴을 내어주는 히어로니까. 힘이 세지도 않고, 얼굴을 떼어 먹히고 나면 전투력도 잃는 이런 소박하고 인간미 넘치는 히어로가 또 어디 있겠어요."

"그래도 얼굴 모양으로 만든 빵은 먹기가 좀 그렇더라. 그런데 넌 호빵맨 애니메이션도 본 적 없는 것 같은데 그 캐릭터를 되

게 좋아하네. 집에 호빵맨 인형이랑 바람 넣는 비치발리볼도 있잖아."

"그냥 캐릭터로만 느껴지는 기운이 있어요. 늘 웃는 얼굴을 하고 있지만, 모두가 주먹을 쥐고 있는 것도 그렇고. 그리고 세균맨도 그래요. 야나세 다카시가 인터뷰했던 걸 읽었는데, 빵은 효모균이 없으면 만들 수 없으니까 세균맨과는 결과적으로 공생해야 한다고요. 그래서 악당을 박살내고 싶지 않고 눈앞에서만 사라지게 만드는 거라고 했어요. 지금 생각해 보니까 박살내고 싶은 상황들과 사람들도 우선 멀리 두고서 다시 생각해 보라는 큰 교훈이 담긴 게 아닐까 싶어요."

"꿈보다 해몽이 좋네."

"그런데 야나세 다카시가 호빵맨을 그리기 시작한 게 쉰 살 때였대요. 칠순 직전에 호빵맨을 애니메이션으로 만들자는 제안을 받았던 거고. 야나세 다카시가 한 말 중에 위로받은 말이 있는데, 자기는 '소기만성'의 전형이라고 한 거예요. 포기하지 않고 묵묵하게 했더니 어느샌가 무언가를 이뤘다는 말이 요즘 나한테 큰 위로가 됐어요. 악당 살려두기 방법과 함께요."

한참을 달려 호젓한 시골 마을에 버스가 멈췄다. 새파란 하늘 아래 미술관 마당에는 아이들이 뛰어 논다. 호빵맨 세상으로 걸어 들어가기 전에, 남은 호빵맨 얼굴을 우유와 함께 먹어 치우면서 생각했다. 엄마의 못생긴 제빵기 빵을 볼 때마다 이 풍경과 야나세 다카시가 생각날 것 같다고. 아니 반대로 호빵맨을 볼 때마다 사람들에게 전해 주기 위해 묵묵히 아침마다 빵을 만들던 우리 엄마도 생각나겠다고. 악당을 쓰러뜨리지 않고 사람을 도와주는 사람. 정의라는 단어와 관련 없어 보이는 가장 정의로운 사람들로.

"모습을 바꾸지 않는 정의란, 헌신과 사랑이다.
결코 거창한 것을 말하는 게 아니다. 눈앞에 굶주린
사람이 있다면, 그에게 빵 한 조각을 건네는 행위.
그것을 정의라고 말한다."
― 야나세 다카시, 〈호빵맨의 유서〉에서

매일 웃는 얼굴

321번 국도를 타고 도사시미즈를 지난다. 321번 국도는 바닷가와 내지를 오락가락하며 섬 테두리를 따라 이어진다. 긴 터널에 지칠 때 쯤 바다가 나오고, 바다를 누리며 달리면 또 금방 한 블록 안으로 들어가서 바다 내음만을 좇으며 페달을 밟게 된다.

일직선으로 뻗은 고속 도로를 졸음운전과 지루함을 방지하기 위해 일부러 조금씩 굽게 설계한다는 이야기가 생각나는, 운전자와 계속 밀당하는 이 길이 나쁘지 않다. 지루할 틈 없이 바다의 풍광과 터널의 심장 쫄깃함과 마을의 고즈넉함을 오가며 자전거를 몰면서 남쪽으로 남쪽으로 내려간다. 이 길의 끝에는 시코쿠 최남단 포인트와 38번 절 곤고후쿠지金剛福寺가 있다.

바다가 한동안 사라진 내륙 구간을 달리다가, 시모미나토야마下港山 버스 정류장 앞에서 귀여운 귤 캐릭터 입간판을 발견했다. 캐릭터의 이름인지 바로 아래에 아마고나츠甘小夏라는 글자가 적혀 있다. 그 옆에는 반가운 무인 가판대가! 성성한 귤이 봉지에 담겨서 우리를 기다리고 있다.

"엄마, '달콤한 작은 여름'이 저 귤 캐릭터 이름인가 봐요. 이 동네는 풍경만 그런 게 아니라 캐릭터 이름까지도 서정적이네."
"그게 아니라 '고나츠'가 고치에서만 나는 귤 이름이래. 늦봄에서 초여름에만 먹을 수 있다고 안내 지도에서 봤어. 귤 이름으로도 참 예쁘다."

"한 봉지에 200엔이네. 사갈까요?"
"모찌롱!(물론)"

✳

　얼마 지나지 않아 이끼가 낀 큰 콘크리트 벽이 나타났다. 재미난 건 사람들이 지나다니며 돌이나 지팡이로 이끼를 긁어서 글씨를 쓴 것. 벽 앞에 바로 공터가 있어 자전거를 잠깐 대고 쉬어 가기로 했다. 머리 위에 쓰인 글을 읽다 웃음이 나왔다.

毎日笑顔 :) Life is happy!

　마이니치 에가오, 매일 웃는 얼굴. 삶은 행복해요. 매일 웃는 얼굴을 하면 삶이 행복해지는 걸까, 삶이 행복해야 매일 웃는 걸까. 엉뚱한 생각을 하는데, 엄마는 사진 속 스마일 캐릭터같이 함박웃음이다. 그런데 자세히 보니 happy 위에 bad가 같이 적혀 있다.

"저 위에 Bad라고 고쳐 쓴 거 보여요?"
"같은 사람 글씨체 같아 보이는데? 기쁘다고 써놨다가 나중에 고쳐 적은 게 아닐까?"
"정말 저 몇 글자에 삶의 희노애락이 다 담겨 있는 것 같네."
"우리도 해피하게 귤 까먹고 가자!"
"좋아요. 그런데 이거 왜 이렇게 껍질이 안 까져요?"
"어우, 셔. 이거 해피가 아니라 배드다. 잘못 골랐나 봐."

　인생의 교훈이 적힌 이끼 낙서 앞에서 우리도 귤 하나 까먹다 인생을 배운다. 그래도 스마일 캐릭터까지 지워 버리지는 않은 걸 보니, 삶이 나쁠 지라도 매일 웃음을 잃지 않겠다는 다짐이 아니었을까 생각했다. 귤을 잘못 골라서 침샘이 폭발하더라도, 우리는 웃으며 페달을 밟겠다며 웃고 있는데 뒤에서 걸어오던 일본인 순례자가 우리한테 말을 건넨다.

　　"그 고나츠는 그렇게 먹는 게 아니에요. 사과 깎듯이 겉의 흰 부분을 남긴 채로 칼로 빙글빙글 깎는 거예요. 흰 부분은 단맛이, 안의 과육은 새콤한 맛이 나죠. 그걸 같이 먹어야 진짜 고나츠의 맛을 느낄 수 있어요."

그에게 고나츠 몇 개를 오셋타이라고 쥐어 주고 얼른 과도를 찾아 길을 떠났다. 숙소에 도착해서야 제대로 깎아 먹은 고나츠는 꿀맛이었다. 우리나라에 '단짠'이 있다면 고치에는 '단신'이 있다고 소개하고 싶을 정도로 맛있었다. 그 순례자를 만나지 않았다면 우리는 평생 오늘을 시큼한 날로 기억했겠지.

인생이 나쁘다고 생각할 때, 갑자기 누군가 행복을 전해 줬다. 그런데 생각해 보니 우리가 깔깔 웃으면서 귤을 까먹고 있어서 그 순례자가 우리에게 찾아온 건 아닐까 싶다. 공터에서 본 담벼락의 암호가 이제야 해독되는 것 같다. 아무리 힘들지라도 가끔은 웃자고. 또 웃을 일을 만들어 보자고. 웃음이 불러오는 마법의 비밀을, 이 길이 우리에게만 슬쩍 알려 줬다.

봄날의 고치 09
반짝반짝

38번 절 곤고후쿠지는 시코쿠의 최남단, 아시즈리곶足摺岬 근처 바닷가에 있다. 햇살이 풍부한 이 지역은 태평양을 곁에 두고 달릴 수 있어 드라이브와 사이클링 코스로 인기가 많다. 곶을 따라 이어진 도로의 이름마저 낭만적인 '써니 로드サニーロード'. 하지만 얄궂게도 뾰족하게 튀어나온 곶의 끝자락에 위치한 38번 절을 들르려면 한참을 남쪽으로 내려갔다가 다시 그만큼 북쪽으로 올라가야 한다. 도보 순례였다면 더 고된 여정이었겠지만, 자전거로 왕복하기에도 쉽지 않은 거리다.

친구 따라 잘못 가입한 등산 모임 회원들에게 등 떠밀려 어차피 오르자마자 다시 내려와야 하는 악산을 오르는 기분으로, 심호흡을 한 번 하고 페달을 밟아 도착한 아시즈리곶은 그 고생을 잠시 접어 두게 만드는 공간이었다. 세찬 바람과 어울리지 않는 부드러운 햇살이 바다 위를 반짝였다. 발아래로 부서지는 파도 소리와 끝없이 이어지는 수평선은 시코쿠의 끝이 아니라 세상 끝에 페달을 밟아 도착한 것 같은 기분을 들게 했다. 곶을 따라 조금 더 걸어가자 바다를 바라보는 소년의 동상이 나타났다. 동상의 주인공 존 만지로는 에도 시대에 작은 어촌에서 나고 자란 시골 소년이었다. 조난 끝에 미국 땅에 도착해서 처음으로 서양 문물을 배워 일본으로 돌아온 사람. 엄마가 물을 꺼내 마시면서 잠깐 숨을 돌리는데 내가 말했다.

"엄마, 만지로가 미국에서 이것저것 배워와서 일본 근대화에 도움을 줬대요. 번역이랑 통역도 하고요. 〈ABC Song〉도 만지로가 가지고 들어와서 처음 가르쳤다네."

엄마는 흥얼흥얼 ABC 노래를 부르며 동상이 서 있는 광장을 천천히 걷는다.

"에이비 씨 디 이에프지~ 에이치 아이 제이 케이 엘엠엔오피~."
"으잉? 〈ABC Song〉이 〈반짝반짝 작은 별〉이랑 같은 멜로디였네요? ABC 노래를 부른지 30년은 더 돼서 생각도 못 한 건가?"
"정말 그렇네. 산티아고 알베르게에서 변주곡 버전으로 네가 주인장 손녀들한테 피아노를 쳐 줬잖아."
"원래는 모차르트의 〈아, 어머니 들어 주세요!〉라는 곡이었어요. '엄마, 들어봐봐요. 이성적인 생각보다 사탕이 좋아요!'라는 황당한 내용이었대요. ISTJ 엄마한테 ENFP 내가 말하는 것같이. 그러다 영어 버전에서 반짝반짝 작은 별이 된 거예요."

"영어도 일본어도 우리나라도 다 노래 내용이 똑같네. 키라 키라 히카루~."

"그런데 뜻이 좀 달라요. '아름답게 비치네' 부분이 일본어에서는 '모두를 바라보고 있네'니까, 그냥 빛나는 게 아니라 의인화를 한 거잖아요?"

"'비치네'가 아니라 '비추네' 아니야? 우리를 비춰 준다는 뜻으로 비추네를 생각하고 잘못 쓴 건가?"

"그러고 보니 영어도 다른데요. 반짝반짝 작은 별아, 나는 네가 어떤 별일까 궁금해. 철학적인 질문 아니에요?"

"반짝반짝 작은 별에 대한 고찰을 한번 써 봐. 아빠가 좋아하겠다."

"오늘도 밤에 전화하면 별 보는 중이라고 하겠죠~."

엄마 뒤에 걷다가 핸드폰으로 찾아보니 한국어 가사는 '비치네'가 맞았다. 비추든 비치든 뭐가 중요한가. 철학적 사고를 하는 거나 의인화를 하는 건 또 뭐가 중요하고. 대낮의 햇살과 바닷바람과 별과 즐거운 멜로디와 엄마와 나만 남은 이 여유가 좋다.

만지로 동상을 바라보는 엄마의 뒤에 서서 생각했다. 작은 한국 땅에서부터 저 작은 체구로 먼 스페인 산티아고를 지나 일본의 생경한 섬 끝자락을 달리고 있는 엄마의 삶도 대단하다고. 내 맘속에 엄마가 좋아하는 보랏빛을 섞은 동상 하나 세워 주고 싶다고.

봄날의 고치

오늘의 작은 것들

작은 사치

어제는 곤고후쿠지를 지나 아시즈리곶보다 더 남쪽 끝에 위치한 민숙 니시다西田에 묵었다. 바닷가 근처 숙소에 묵을 때면 늘 펼쳐지는 끝없는 바다 풍경에 이제는 익숙해질 때도 되었는데, 엄마는 방에 들어갈 때마다 '우와'를 연발하며 사진을 찍는다. "엄마는~"으로 시작하는 잔소리를 하려다가, 나도 엄마 옆에 엎드려 바다를 바라본다. 어제나 그제와 다를 게 없는 풍경인데도 엄마의 '우와' 추임새를 머리에 떠올리고 다시 바라보니 더 근사해 보인다. 며칠 뒤에 서울로 돌아가면 까마득한 꿈 같을 이 풍경을 조금 더 아껴줘야지. 엄마 옆에 앉아서 맞장구치며 작은 사치를 누려봐야지.

작은 배려

니시다의 주인장은 딱 충남 공주에 사는 우리 큰아버지같이 생겼다. 까무잡잡한 피부에 곱슬머리, 걸걸한 목소리에 온갖 세상사가 다 궁금한 오지라퍼 같은 성격까지 똑같다. 주인장 아저씨가 하는 일본어의 한국어 더빙은 우리 큰아버지가 하는 게 딱이겠다. 그 와중에 한국에 왔었다며 한국 여행 이야기를 꺼내더니 구권 1000원 지폐까지 꺼낸다. 목소리 큰 사람을 처음 만나면 본능적으로 한 발짝 물러서서 보는 편인데, 이 오지라퍼 아저씨에게는 무장 해제다. 아저씨의 말재간에 휩쓸려서 저녁 식사 자리에서 서로 예의차리던 옆 테이블의 일본인 순례자 가족들과 호구 조사까지 하게 되었으니 말이다. 옆 테이블의 부부는 식사를 마치고 방으로 올라가기 전, 교토 북쪽 구미하마만에서 밥집을 한다며 꼭 놀러오라고 명함까지 줬다. 방에 올라와서 명함 속 주소를 내 지도에 저장하려는데 엄마가 말했다.

"그 부부가 다 먹은 접시들을 한곳에 모아서 포개놓은 거 봤어? 나도 보고 따라했잖아. 몇 초 안 걸리는 일인데 식당을 하는 분들이라 그런지 그런 배려심이 좋더라."

사소한 다름을 알아차리는 눈과 바로 행동하는 손. 천천히 나이드는 엄마의 노하우를 조금 알 것 같다. 따라 하기는 영 쉽지 않겠지만.

작은 쉼터

오늘도 이어서 써니 로드를 달린다. 완만한 경사가 있어서인지 금방 목이 말라오는데, 엄마의 뒷모습도 분명 목이 말라보인다. 30년

아들이면 엄마 뒷모습만 봐도 대충 알 수 있다. 마침 길 건너에 작은 공원이 나타났다. 잔디밭과 자판기, 버스 정류장같이 생긴, 비를 피할 수 있는 작은 쉼터. 화장실이 없는 것이 아쉽지만 출발한 지 얼마 안 되었으니 머릿속 엄마 화장실 시계를 작동시켜 보았을 때 아직은 괜찮을 테다. 엄마랑 앉아서 물 한 모금씩 나눠 마시는데, 엄마는 물 먹다가 사래가 들려 기침을 하다 더 기운이 빠진 모양이다. "너도 나이 들어 봐, 숨 쉬는 구멍이랑 밥 넘어가는 구멍이랑 머리가 헷갈리나 봐." 같은 이야기를 듣고 있다가 의자 옆에서 작은 노트 하나를 발견했다. 쉼터의 방명록이었다.

2017년 1월 12일 (일본어)

순례란, 이미 정해진 답을 찾아가는 것이 아니라, 답이 없는 세상 속에서 스스로 답을 찾아 나서는 여정이겠지요. 부처님도 코보 대사도 처음부터 답을 가지고 있던 것은 아니었을 테니까요. 길 위를 걷는다는 것은 어쩌면, 외로이 편류하는 것이 아니라 굳건한 본래의 길을 따르는 것인지도 모릅니다.

외부의 진리는 언제나 우리 곁에 있지만, 마음속 진리는 쉽게 모습을 드러내지 않습니다. 외부의 세상을 바라보며, 내 안의 진리와 조심스레 마주할 때, 비로소 내가 가는 길이 틀리지 않았음을 알게 됩니다. (참고: 돈 없는 순례자 둘이 함께 걷고 있습니다. 가진 것은 단 5엔뿐(웃음).)

　　　一길 위의 여행자

2017년 3월 5일 (일본어)

선선한 바람이 불고, 눈앞에는 아름다운 풍경이 펼쳐집니다. 이곳은 참으로 좋은 쉼터네요.

2017년 3월 13일 (비) 오전 8시 15분 (일본어)

비가 내리고, 멀리서 종소리가 울리기 시작했다. 내일은 오랜만에 다시 길을 나선다. 어제의 아쉬움을 다시 걸으며 씻어내는, 일주일간의 여정이 될 것이다. 집에는 아내의 시무룩한 표정이 기다리고 있겠지만, 지금은 이 비를 벗삼아 벚꽃을 바라보며 조용히 시간을 보내련다.

　一야스노리

2017년 3월 15일 (영어)

주님, 바꿀 수 없는 것들을 받아들일 수 있는 평온을 제게 내려주소서. 그리고 저를 당신의 도구로 써주소서. 미움이 있는 곳에 사랑을, 다툼이 있는 곳에 용서를 가져갈 수 있게 하소서.

2017년 3월 21일 (일본어)
먼 길 끝, 석양 아래에서 길을 다시 찾다. 혼자 앉아 있는데, 오후 6시 15분에 두 사람이 조용히 이곳에 도착했다.

2017년 3월 26일 (영어)
오늘은 비가 와서, 마른 곳에 앉아 간식을 먹기 위해 여기에 들렀습니다. 훌륭한 쉼터를 제공해 주셔서 감사합니다. 이 순례는 정말 힘들었지만, 시코쿠 사람들의 지원(이러한 쉼터 포함) 덕분에 계속 걸어갈 수 있었습니다.
　　　—Marianne S., 캐나다

2017년 3월 28일 (일본어)
날씨도 맑은데 쉴 수 있는 장소까지 발견해서 정말 몸도 마음도 잘 쉬었습니다. 감사합니다.

2017년 4월 1일 (한국어)
오늘은 만우절! 엄마랑 시코쿠 두 번째 길, 겨울 도쿠시마 도보 순례 다음으로 봄에 자전거로 고치현을 도는 중. 내일이면 고치현의 마지막 절인 39번 절에 도착하고, 또 일상으로 돌아가겠지. 거짓말 같은 이 길에서 겪은 다사다난한 일들, 반가운 인연들, 엄마와의 소중한 시간들을 잊지 않겠습니다.
　　　—Daehan Won, Korea

　다른 시간, 다른 계절에 이 작은 쉼터에서 내가 엉덩이 붙인 이 자리에 잠시 앉았던 사람들이 적은 글귀들을 읽으며, 과거를 회상하는 영화의 한 장면처럼 여러 순례자의 순간들을 상상했다. 그들의 삶을 상상했다.

내 안의 진리를 마주하는 사람, 아내에게 혼날까 봐 걱정되지만 지금을 즐기는 사람, 우리와 같은 가톨릭 신자인 것 같은 사람, 비를 피하러 들른 사람, 그리고 엄마와 자전거 타고 한국에서 온 사람. 얼굴도 모르는 이들이 반갑다. 같이 순례하는 기분이다. 사람 마주치기도 쉽지 않은 이 적막한 길에서, 어제의 당신이 오늘의 나를, 오늘의 내가 내일의 당신을 응원하며 함께하고 있다.

봄날의 고치 11
톤네루 공포증

"전방 1킬로미터에 톤네루トンネル? 톤네루가 뭐지?"

"모르겠네. 검색해 볼까요? 1킬로미터 가 보면 알겠죠. 좀 더 가 봐요."

언덕으로 페달을 더 밟다가 눈앞에 나타난 건 바로 터널이었다. 터널 위에는 마쓰오 톤네루松尾トンネル라는 간판이 떡하니 붙어 있었다. 황당하고 웃겨서 잠시 멈춘 김에 엄마와 물을 번갈아 마신다.

"톤네루가 뭐야, 톤네루가. 어떻게 터널이 톤네루가 되지? 진짜 일본어는 알다가도 모르겠어요. 마쿠도나루도マクドナルド도 생각나고. 참, 엄마 그거 알아요? 일본에서 다 마쿠도나루도라고 하

는 게 아니래요. 보통은 맛쿠ﾏｯｸ라고 하고, 관서 지방에서는 마
쿠도ﾏｸﾄ라고 한대요. 그래서 애플의 맥이랑 맥도날드랑 발음이
똑같아서 헷갈리기도 한대요. 카푸ｶｯﾌﾟ랑 코푸ｺｯﾌﾟ도 생각난다."

"카푸가 손잡이 달린 컵을 말하고, 코푸가 컵 전체를 말하는
거랬지? 네덜란드어로 작은 잔을 뜻하는 콥ᵏᵒᵖ이 들어온 게 코푸
고, 영어가 들어온 게 카푸랬나."

"맞아요. 카푸가 뜨거운 음료를 담는 손잡이 있는 컵이고, 코푸
가 우리가 말하는 손잡이 없는 컵이요. 구라스ｸﾞﾗｽ. glass가 유리잔."

다시 자전거에 올라 터널에 진입하는데 끝이 보이지 않는다. 갑자
기 으스스한 기분이 든다. 터널 사고를 주제로 한 재난 영화도 괜히

떠올라서 마스크를 쓰고 페달을 빨리 밟았다. 체감상 1킬로미터를 넘게 달린 것 같다. 간신히 '톤네루'를 빠져나가는데 눈이 부시다. 잠깐 서서 뒤를 돌아보니 암적응이 안 되어 앞이 어둡다가 천천히 시야에 지나온 길이 들어온다. 그런데, 엄마가 없다! 아까 내가 스쳐 지나오면서 인사만 나눈 순례복을 입은 도보 순례자 아저씨의 실루엣만 저 멀리 보인다. 터널 초입에서 한 번 뒤돌아보고서 한 번도 뒤를 확인하지 않고 달린 것이다. 한참을 기다리고서야 저 멀리 엄마가 보인다. 그런데 자전거를 끌면서 걷고 있다. 무슨 일이지? 넘어진 건가? 이상해서 내 자전거를 세워놓고 거꾸로 터널로 걸어 들어가는데, 터널을 빠져나오는 엄마의 모습이 말이 아니다. 옷 오른쪽에는 검댕을 잔뜩 묻히고 표정도 울상이다. 엄마의 하얀 순례복에도 검댕이 묻었다. 자꾸 넘어져서 나를 여러 번 불렀다는데, 터널에 울리는 차 소리가 시끄러워서 듣지 못하고 그대로 직진한 것이다.

"엄마, 괜찮아요? 뒤에 따라오는 줄 알았지!"
"차 소리가 너무 크게 웅웅거리니까 균형 감각을 잃었어. 자꾸 벽으로 몸이 쓰러져서 간신히 나왔어. 세반고리관에 문제가 있는 건가? 아이고, 눈부셔. 내 선글라스는 어디 갔지?"
"선글라스는 또 어디다 흘렸어요?"
"넘어졌을 때 흘렸나 봐."

엄마의 선글라스를 찾으러 가려고 뒤돌아봤을 때, 다시 돌아본 터널은 사람을 잡아먹을 듯한 괴물의 모습으로 변해 있었다.

"엄마, 나도 못 돌아가요. 그냥 버려요, 버려."

선글라스를 포기하고, 다시 물을 마시고 숨을 고른다. 언제나 내가 엄마 뒤에서 걷거나 자전거를 탔는데, 하필 터널에서 내가 앞장선 게 괜히 맘에 걸린다. 엄마가 걱정되는데, 다시 탈 수 있다며 안장에 오른다. 엄마를 앞장세워 천천히 페달을 밟기 시작한다.

앞으로 우리는 이 길에서 몇 개의 톤네루를 더 지나야 할까? 문득 이 무서운 톤네루를 다시 마주할 엄마를 떠올린다. 나는 엄마의 불안감을, 두려움을 없애 줄 수 있을까. 엄마의 보호자가 될 수 있을까.

인생에서도 이런 정신없는 터널을 몇 번이고 더 지나야겠지. 나도 이미 긴 터널들을 여러 번 지나왔겠지만, 삶의 어지럼을 느끼지 못한 것은 아마도 엄마가 있어서였을 테다. 반대로 나는 앞으로 긴 터널을 지날 엄마의 어지럼증을 뒤에서 붙잡아 줄 수 있을까. 모르겠다. 하지만 한 가지는 약속하기로 한다. 오늘같이 뒤돌아보지 않고 혼자 달려가지는 않겠다고. 어지럼증을 막아줄 수는 없더라도, 엄마 옆에 있겠다고.

봄날의 고치 12
벚꽃 엔딩

"야, 너네 너무한 거 아니냐? 봄이 왔으면 일을 해야지. 지금
이 몇 월인데 몽우리도 안 졌어?"

아침부터 애꿎은 벚나무에 화풀이를 하고 있는 오늘은 봄 시코쿠
여정의 마지막 날. 먼 길을 함께해 준 자전거들은 호텔에 접어 두고,
오랜만에 천천히 걷는다. 아침 산책 겸 고치성으로 오르는 길. 겨울인
지 봄인지 모를 계절 속, 언덕 아래로 내려다보이는 풍경은 채도가 낮
다. 벚꽃 예상 개화 시기에 맞춰 일정을 짰지만, 기상 이변으로 흐드
러진 벚꽃은 결국 한 번도 만나지 못했다. 끝까지 아쉬움이 남을 줄
알았는데, 아니었다. 벚꽃만 꽃이랴. 야생화 찾기의 달인인 엄마 덕분
에, 길 위에서 혼자였다면 스쳐지나가거나 밟고 지나쳤을 발 아래의

수많은 봄꽃들을 만났다. 벚꽃 대신 더 풍성하고 다채로운 봄의 팔레트가 마음에 담겼다.

성의 돌계단을 따라 오르면서 보이는 까마득한 마을 풍경이 우리의 일주일을 요약해 주는 포스터 같다. 이른 아침이라 관광객들도 많지 않은 공원에서 엄마와 물 한 잔을 마시며 이 느린 시간을 누린다. 천수각 위에 올라, 아직 꽃이 피지 않은 벚꽃나무 군락을 바라본다. 뿌연 안개 같은 풍경이 오케스트라 서곡의 잔잔한 도입부 같다. 성벽과 흙길, 채도 낮은 봄 풍경도 다시 보니 덜 유난스럽고 세련되다며 아쉬워하는 엄마한테 살갑게 이야기해 본다.

걱정했던 자전거 순례도 별 탈 없이 마무리됐다. 일주일 내내 하루 50킬로미터씩 페달을 밟은 엄마는 생각보다 훨씬 근사한 라이더가 되었다. 나만 발톱이 빠졌던 겨울 시코쿠에 이어, 이번에도 계단을 내려갈 때마다 비명을 지르는 건 엄마가 아니라 나였다. 좁은 접이식 안장 때문에 엉덩이도 아프고 온몸이 쑤시는데, 치사하게도—아니 다행히도—엄마는 괜찮단다. 무릎도 말짱하고, 머플러까지 둘러 커스터마이징한 안장 덕분인지 허리도 엉덩이도 무탈하단다. 그 말을 듣는 순간, 나도 모르게 일주일치의 긴장이 풀려 버렸다.

벚꽃 없고 사건도 없는 여행이면 뭐 어떤가. 엄마의 뒷모습을 따라 달린, 꿈 같은 일주일이었다. 분명 두 발로 걸었다면 더 많이 보고 더 많이 느꼈을 수도 있지만, 두 발만으로는 절대 낼 수 없는 속도로 바람을 가르며 달렸던 해안 도로의 풍경을 나는 잊지 못할 것이다. 시만토강 둑방 길도, 헨로고로가시 내리막길에서 처음 달려 본 엄마의 웃음소리도.

"아들, 이거 봐봐!"

"어, 벚꽃 아니에요?"

"그냥 벚꽃은 아닌데, 더 분홍빛이고……. 이게 유키와리 사쿠라인가? 겨울 끝날 무렵에 피는 고치현의 희귀한 벚꽃이래. 2월 중순부터 3월 중순까지 핀다는데, 벚꽃이 늦어진 걸 보니 이것도 늦게 핀 모양이네."

"지금 찾아보니까 겨울과 봄을 이어주는 꽃이래요. 고치성에 피는 게 특히 유명하대요."

질 무렵의 유키와리 사쿠라가 우리 여행을 위한 벚꽃 엔딩이 되었다. 겨울과 봄을 이어 주는 이 꽃처럼, 겨울부터 시작된 우리의 이야기도 계절과 계절을 잇듯 계속된다. 또 한 계절을 열심히 살아낸 뒤, 이 자리에 다시 와야지. 엄마랑.

수행의 도장

고치 순례 지도

카가와

도쿠시마

에히메

고치

에히메

37

39

38

도쿠시마

24 호쓰미사키지最御崎寺	**30** 젠라쿠지善楽寺	**36** 쇼류지青龍寺
25 신쇼지津照寺	**31** 지쿠린지竹林寺	**37** 이와모토지岩本寺
26 곤고쵸지金剛頂寺	**32** 젠지부지禅師峰寺	**38** 곤고후쿠지金剛福寺
27 고노미네지神峯寺	**33** 셋케이지雪蹊寺	**39** 엔코지延光寺
28 다이니치지大日寺	**34** 다네마지種間寺	
29 고쿠분지国分寺	**35** 기요타키지清滝寺	

봄날의 고치

여름날의 에히메

렌터카 순례자

아빠의 휴가에 맞춰 에히메현 순례를 준비하다가 고민에 빠졌다. 여름은 시코쿠 순례의 계절이 아니다. 덥고 습한 일본의 여름 기후에 순례객들이 거의 찾지 않아 비수기라는 걸 알고 있었지만, 아빠의 휴가에 맞추려면 여름을 피할 수 없었다. 방법은 한 가지. 차를 빌리는 것이다. '렌터카 순례'라니 여전히 어색한 단어 조합이지만, 봄에는 엄마와 자전거 순례도 했고, 길 위에서 만난 대부분의 순례자들은 '대절 버스 순례'를 하고 있었다.

사실 시코쿠 순례자의 95퍼센트 이상은 자동차나 버스를 이용한 순례를 하고, 자전거 순례자와 도보 순례자는 전체의 5퍼센트밖에 되지 않는다고 한다. 마을에 있는 성당들과 달리 산속에 있는 절들을 찾아 산을 오르내리는 건 둘째치고, 길 위에 식당이나 숙소를 찾기 어려

운 구간들이 많기 때문이기도 하겠다. 순례를 준비하면서 도쿄에서 구입한 책도 기차와 버스, 도보(와 택시)를 섞은 순례를 기본으로 안내하고 있으니, 우리의 잣대를 엄격하게 이 길에 적용하지 않기로 한다. 내가 나이가 들어 걷지 못하게 되었을 때는 순례를 포기해야 하는 것일까? 두 발로 800킬로미터, 1200킬로미터를 걷는 것만이 순례의 정석일까 하면 이제는 아니라고 재빠르게 대답할 수 있게 되었다.

긴 이야기의 결론은, 우리의 여름 순례를 렌터카 순례로 정했다는 것이다. 예보된 기상 상황도 안 좋고, 또 유독 높고 험한 에히메현의 산자락을 모조리 걷는 것은 무리라는 판단에서였다. 그리고 이실직고하자면 엄마의 허리는 산티아고 순례 때와 다르게 아주 튼튼했지만 내가 문제였다. 직장인 오케스트라 현악기 수석진들끼리 몸무게 앞자리 바꾸기 다이어트 내기를 하던 와중에 근육까지 열심히 빼 버렸는지 허리를 다쳤다. 결국 몇 달이 지났는데도 여전히 뻐근한 내 허리가 렌터카 순례를 결심하는 데에 큰 몫을 했다.
우리의 결정은 신의 한 수였을까. 일본에 사는 친구가 우리의 여름 순례 준비를 알고는, 더위뿐 아니라 태풍도 시코쿠섬 쪽으로 많이 상륙해서 비바람을 맞으며 고생할 수도 있다고 했다. 어릴 적 태풍을 맞으며 제주도 도보 여행을 하던 기억이 스쳤다. 바람에 부러지지 않게 나사를 몽땅 풀어놓은 행원리 풍력 발전기 밑을 걸어서 지나다가 저세상 공포를 느낀 것이나, 수면까지 도달하지 못하고 바람에 흩날려 아련하게 사라지던 정방폭포의 세찬 물줄기 같은 풍경들. 차를 타면 비바람을 맞으며 걷지 않아도 된다는 생각에 안도감이 들었다. 게다가 양말 젖을 일도 없겠지! 이동 중에 블루투스 스피커로 들을 노래도 선곡해야겠다. 순례와 여름휴가 중간 즈음의 여행이 될 것 같아 마음이 한껏 가벼워졌다.

✳

하지만 너무 이른 안도였다. 서울에서 출발하기로 예정되어 있던 날, 시코쿠에 역대 세 번째로 장수한 태풍 '노루'가 상륙한 것이다. 자동차 안에서 비를 피하기는커녕 출발도 못하게 생겼다. 결국 도착지 날씨로 인해 비행편이 취소되었다는 연락을 받았다. 미리 예약해 놓은 숙소와 렌터카, 포켓 와이파이, 여행자 보험까지 줄줄이 떠오른다. 도보 순례만큼의 변수가 없을 거라 생각하고 이동 거리를 계산해서 미리 숙소를 몽땅 예약한 게 문제였다. 도미노같이 계획이 무너지겠지. 날씨 때문에 비행편이 취소된 건 처음이다. 걱정이 태풍 노루같이 몰려온다. 그런데 어째 엄마와 아빠는 태평해 보인다.

"으, 머리 아파요. 이걸 어떻게 다 정리하지?"
"아들, 어차피 오늘 못 가는 거 너무 마음 쓰지 마. 천천히 연락해서 되는 것만 하면 되지. 점심으로 골뱅이 소면이나 해 먹을까?"

나는 엄마 아빠의 삶의 태도를 언제쯤 배울 수 있을까. 서울은 어제보다 더 맑다. 내 속은 타들어 가는데, 아무것도 모른 채 파란 하늘에 뜬 뭉게구름마저 얄밉다.

모전자전

원래 계획대로라면 에히메의 고즈넉한 온천 마을에서 일어났어야 하는 아침, 서울에서 느지막이 일어나 가방을 싼다. 비행기는 정확히 하루하고도 여섯 시간이 미뤄졌다. 그사이에 예약은 최대한 변경하고 조정이 어려운 일정은 순서를 바꿔 보기로 했다. 폭풍 같은 하루를 보내고 맥이 빠져서인지 여행을 가기는 가는 건가 싶다. 배낭은 폼으로 챙기고 무거운 짐은 캐리어에 급하게 담아 넣는다. 긴장감이 하나도 없는 게 이상하다고 생각하면서 출발했는데, 아니나 다를까 공항버스 정류장에 도착할 즈음 엄마가 말했다.

"어? 내 핸드폰! 어디 있지? 전화 좀 걸어 봐."
"걸고 있어요. 벨 소리가 안 들리는데?"

"집에 두고 왔나 봐."

그러고 보면 엄마도 나도 평소에는 별일 없다가 중요한 순간에 하필 건망증이 발동한다. 모전자전일까. 엄마의 건망증에 내 건망의 순간들까지 주마등처럼 스친다. 심지어 나는 인생을 통틀어 달랑 세 번 본 면접 중에 두 번을 수험표를 놔두고 갔다. 한 번은 대학교 입학 면접, 다른 한 번은 집 앞 해군호텔에서 본 해군 군악대 악기 오디션. 물론 나머지 한 번의 면접도 순탄치 않았다. 다행히 수험표가 필요 없는 잡지사 최종 면접이었는데, 면접 이틀 전에 할아버지가 돌아가셔서 포기했다가 가족들의 응원으로 KTX를 타고 간신히 면접장에 도착했다. 수험표를 놓고 갔다는 내 말에 황당했을 엄마의 심정을 지금 내가 딱 알겠다.

결국 옆집 은지네 집에 전화를 걸었다. 양쪽 집 현관문 비밀번호를 서로 알고 있는, 서울에 몇 없을 20년지기 이웃사촌이 이럴 때 빛을 발한다. 전화한 지 얼마 되지 않아 멀리서 아주머니의 검정 SUV가 나

타났다. 그리고 바로 그 뒤에는 놓치면 큰일날 우리의 황금빛 공항버스가! 007 작전이 부럽지 않다. 감사 인사를 할 겨를도 없이 허겁지겁 공항버스에 올랐다. 여행 시작부터 풀이 죽은 엄마를 눈치 없이 놀렸다가, 올림픽대로에서 혼자 하차할 뻔했지만.

✳

에히메의 고속 도로 위. 아빠가 운전대를 잡고 나는 옆에서 지도를 찾는다. 집에서 출발한 지 몇 시간만에 외국의 고속 도로를 달리는 것도 이상하지만, 태풍 때문에 시코쿠발 모든 항공편이 취소되었던 어제의 상황은 상상할 수도 없는 풍경이다. 새파란 하늘에 구름 한 점 없다. 엄마는 하느님이 대청소하신 것 같다고, 어떻게 이렇게 깨끗하고 예쁠 수 있냐며 뒷자리에 앉아서 감탄사를 연발 중이다. 핸드폰과 함께 세상까지 다 잃은 것 같던 오늘 아침의 엄마 모습도 말끔히 바람에 씻겨 갔나 보다. 벌써 세 계절째 마주하는 시코쿠의 풍경이지만 또 새롭다. 더위를 가시게 할 만큼 쾌청해 서울에서 준비해 온 노래를 틀고 창문을 열었다. 오늘의 목적지는 일본의 사찰 음식인 '쇼진 요리'가 유명한 58번 절 센유지仙遊寺. 태풍 때문에 첫날 하루치 일정을 뛰어넘고서 예약을 변경할 수 없었던 센유지 슈쿠보僧坊로 향했다.

비행편이 오후로 바뀌면서, 쉬지 않고 달렸는데도 저녁 시간이 한참 지나고 나서야 센유지에 도착했다. 정갈하게 차린 나물과 (우리가 늦어서) 눅눅해진 야채튀김, 두부와 장식으로 올린 단풍잎까지 건드리기 아까울 정도였지만, 혼자 머리가 복잡해져 음식을 먹는 둥 마는 둥 했다. 엄마가 무슨 일이 있냐고 물어봤지만 입이 떨어지지 않았다.

새로 산 내 캐리어 열쇠를 집에 두고 온 것 같다는 이야기. 핸드폰을 집에 놓고 온 엄마를 놀린 지 고작 한나절이 지난 무렵이었다.

하필이면 '30대에 접어든 아들의 최소한의 프라이버시'를 외치며 내 짐은 몽땅 작은 캐리어에 따로 쏙 넣고 열쇠로 잠갔다. '아날로그가 새로운 디지털'이라는 말을 굳게 믿고 비밀번호보다 안전한 열쇠를 애용하겠다며, 심지어 디자인도 군더더기가 없다며 이 캐리어를 집어든 내가 싫어진다. 충전기가 든 캐리어를 못 열면 핸드폰은 내일 아침이면 방전되어 버리겠지. 속옷도 못 갈아입은 채로 꺼진 핸드폰을 들고 울상일 내가 눈에 선하다. 최후의 방법들을 머리에 그렸다. 새로 산 캐리어를 박살 낼 용기는 나지 않았다. 내일 동선에 있는 마쓰야마 시내의 무인양품에 캐리어 마스터키를 가지고 있는지 전화로 물어볼까? 아니면 마스터키를 가지고 있을 공항에 다시 들러야 하나? 그런데 마쓰야마에 무인양품이 있나? 망치를 사야 하나? 결국 막 식사를 마친 엄마한테 이실직고했다.

방으로 돌아와서 죄인 모드로 다시 찾아보는데, 치사하게 내가 오늘 열었을 리 없다고 생각한 배낭 안주머니 속에서 열쇠 꾸러미가 나왔다. 더 치사한 건 엄마가 나를 놀리지 않는다. 혼자 쪼잔하게 엄마를 놀려먹은 아들이 되어버린 밤, 이불 킥을 하면서 생각한다. 엄마 건망증 놀리지 말기. 그리고 걷지만 않을 뿐이지 순례자라는 걸 생각하기. 오늘의 교훈 두 개.

퉁소와 매미

아침 예불에 참석할 수 있다는 말을 듣고 알람을 맞추고 잤는데, 새벽 다섯 시에 저절로 눈이 떠졌다. 생각해 보니 열 시에 누웠으니 일곱 시간이나 잤다. 평소에도 자정 전에는 잠들겠다고 몇 번을 다짐해 보지만, 어둠만 내리면 온 동네가 잠드는 시골 할머니 댁과 이 시코쿠 길 위에서만 지키고 있다. 눈곱만 떼고 예불하러 법당에 내려갔더니 주지 스님과 일본 아저씨 둘, 그리고 우리가 전부다. 잘 알아들을 수 없지만 이제는 익숙한 음률의 염불에 머리가 맑아지는 기분이다.

염불을 마친 주지 스님이 뒤로 돌아앉아 이야기를 시작했다. 이곳 센유지 이야기와 함께 시코쿠 순례를 하는 마음가짐을 말하던 그는, 갑자기 불의의 사고로 3년 전에 죽은 자신의 아내 이야기를 꺼냈다. 무언가를 가리키는 그의 손끝을 따라가자 법당 구석에 영정 사진이 하나 놓여 있다. 벌써 40개에 가까운 절을 들렀지만 이런 일은 처음이다. 아내 이야기를 하는 그의 얼굴에 그리움을 숨기려는 마음과 그러지 못하는 눈빛이 묘하게 섞였다. 그 스님이 사람 같아 보여서 좋았다. 순례길 위에서 스님과 그의 아내를 기억하기로 했다.

이야기를 마치고 일어서려는 찰나, 아저씨들이 가방에서 주섬주섬 뭔가를 꺼냈다. 나온 것은 플라스틱 퉁소 조각들. 아저씨들은 퉁소를 조립하고 소리를 내보더니, 그녀에게 노래를 바치고 싶다며 연주를 시작했다. 완벽하지 않은 선율이 문밖의 경쾌한 매미 소리와 어울렸다. 일본어라 모두 이해하지는 못한 스님의 긴 이야기를 퉁소 선율에 녹여 우리에게 전달해 주는 것만 같았다. '들어줘서, 들려줘서 고맙다'며 서로 인사했다.

＊

아침 식사 자리에서 아저씨들을 다시 만났다. 아까 법당에서 한 연주에 대해 물어보려고 운을 떼우는데, 대뜸 그의 핸드폰 뒷면을 보여준다. KBS 스티커와 함께 아저씨 이름이 한글로 붙어 있다. 한국 전통 음악을 좋아해서 서울에 가끔 온다고 했다. 기회가 닿아 KBS홀에서 연주한 게 텔레비전 프로그램으로 방영된 적도 있다고. 우리 집에서 가깝다고, 반갑다고 했더니 아저씨들이 신이 났다. 밥은 안 먹고 다시 퉁소를 꺼내 들더니 아리랑과 앙코르로 제례악 한 소절까지 멋들어지게 불어냈다. 그의 음악을 듣다 조금 부끄러워졌다. 나는 일본 전통 음악을, 아니 그 이전에 우리 전통 음악을 한 소절이라도 연주할 수 있을까? 흥얼거릴 수나 있을까? 그리고 무엇보다도 내가 좋아하는 것을

모르는 사람들 앞에서 순수한 마음으로 내보일 수 있을까? 그런 그들 앞에서 평소에는 어째 잘 말하지 않게 되는 내 이야기를 꺼냈다.

"저도 도쿄에서 아마추어 오케스트라 단원으로 활동하고 있어요. 올봄에 나카노 제로なかのZERO홀에서 베토벤 9번 교향곡을 연주했어요."

"에, 진짜? 서울에 살면서 도쿄 오케스트라를 한다고?"

"네. 도쿄에서 미팅이 있을 때 주말 연습에 참여하거든요. 멀

리서 왔다고 출석률은 눈감아 주세요. 악기는 도쿄 멤버 분 것을
빌려서 쓰고 있고요."

"신기하다. 그런데 재미있는 게 한 가지 더 있어. 우리 연습
실도 나카노 제로홀이거든."

"세상 정말 좁네요. 여기서 KBS홀과 나카노 제로홀 이야기
를 할 줄 몰랐어요. 서울에 연주하러 오시면 꼭 연락 주세요."

에히메 산골짜기에서 이것도 인연이라며 아침밥이 다 식도록 이야
기를 나눴다. 가끔 이렇게 느낀다. 어설프지만 무언가를 해내는 사람
들, 완벽하지 않아도 즐겁게 도전하는 사람들. 그리고 그걸 언제 드러
내야 할지 아는 사람들. 그들이 내뿜는 에너지는 무엇도 당하지 못한
다는 것을. 나도 즐겁고 어설프게 도전하는 삶을 살아야겠다고 생각
하며 방에 들어왔다. 출발하기 전에 잠깐 맨 다다미 바닥에 누웠는데,
창밖에 다시 매미 소리가 가득이다. 어디선가 그들의 어설픈 퉁소 소
리가 매미 소리에 섞여 들려온다.

여름날의 에히메 04

바닷마을 다이어리*

노래를 틀고 굽이굽이 흐르는 에히메의 해안 도로를 달리다 보면 막다른 길에 자리잡은 어촌 마을 쓰시마초津島町에 다다른다. 조약돌만 한 새끼 홍게가 내 발치에서 인사하고, 하늘에는 매가 떠다닌다. 파도 소리 잔잔한 마을에 공유 숙소 어플리케이션으로 예약한 오늘의 집이 있다. 이제 호스트한테 연락해서 열쇠만 받으면 되는데 어째 갑자기 핸드폰이 먹통이다. 분명 큰길까지는 친구와 메시지도 하고 괜찮았는데 이 마을 어귀에서부터 전파가 사라진 것이다. 호스트와 연락할 방법이 없어서 어쩔까 고민을 하다가, 주인집으로 추정되는 옆집 대문을 두드렸지만 반응이 없다. 큰소리로 '스미마센(미안합

---

* 2015년 개봉한 고레에다 히로카즈 감독의 동명 영화 제목에서 따왔다.

여름날의 에히메

니다)~ 시쓰레이시마스(실례합니다)~'를 외치는 게 죄악이 될 것 같은 평화로운 풍경 앞에서, 이제 우리가 할 수 있는 건 집 앞에 서서 기다려 보는 것뿐이었다.

한참이 지나고서야 빨래 뭉치를 든 아주머니가 문을 열고 나오다가 우리를 보고 놀란다.

"어머, 죄송해요. 전화로 연락이 올 줄 알고 기다리고 있었는데, 문 앞에 서 계실 줄은 몰랐네요."

"이 동네에 들어오고 나서 전파가 안 터져서 연락할 방법이 없었어요. 다시 큰길까지 걸어가서 연락하려던 참이었죠. 그래도 만나서 다행이네요."

"이 동네가 전파가 약해요. 그래서 사실 숙소에도 와이파이가 없고요."

"아, 네……. 네?"

그 말인즉 여기에 묵는 동안 인터넷과 단절되어야 한다는 이야기. 청천벽력 같은 통보에 눈앞의 바닷가 마을 풍경이 흐릿해지는 것을 보니 핸드폰 중독이 분명하다. 내 속을 아는지 모르는지, 엄마 아빠는 핸드폰을 오래전에 내려놓고 동네의 풍광과 이층집의 구조에 감동 중이다. 한술 더 떠서 은퇴하고 나서 이런 집을 짓고 살면 좋겠다며 구석구석 살펴본다.

다른 때라면 '부모님의 은퇴 및 귀향 후 나 홀로 서울에 남기'라는 큰 그림을 위해서 리액션학과 졸업한 듯 맞장구치며 호들갑을 떨었겠지만, 오늘은 이유 없이 더 초조해지기만 한다. 되짚어 보니 여기서

10분만 걸어 나가면 전파가 터지던 큰길이다. 열대야와 모기를 뚫고 전파와 조우하러 나가다가, 괜히 해가 지니까 으슥한 바닷가 마을 배경의 영화들이 떠올라 포기해 버리고 말았다. 와이파이 없이 하룻밤 보내기. 근 몇 년 사이 가장 큰 도전의 밤이 될 것이다.

✳

　다음날 새벽. 호스트 아저씨가 뱃일 나가기 전에 바다를 구경시켜 준다며 우리를 깨웠다. 푹 자고 일어났는데도 시간이 이르다. 머리도 맑고 컨디션도 좋다. 게다가 그 하룻밤 사이에 밀렸던 여행 일기장을 가득 채웠다. 미뤄 놓았던 핸드폰 사진첩 정리도 끝냈고, 숙소 방명록에 어린이 손님들이 한가득 적어 놓은 그림일기들도 여러 번 정독했다. 히라가나로만 쓴 일기장이 내 수준에 읽기 딱 좋았다며, 아이들이 쓴 귀여운 표현들을 엄마한테 읊어대기도 했다. 여유 부리며 밤 시간에 읽겠다고 가져와 놓고 여태 한 페이지도 펼치지 못했던 시집도 읽었다.

　기분 좋은 아침. 자동차 드라이브 대신 보트에 걸터앉아 아직 데워지지 않은 아침 물살을 가른다. 가만 보니 뱃머리에서 키를 잡고 있는 아저씨 티셔츠에 '2000년 충주무술축제'가 한글로 적혀 있다. 놀라서 물어보니 젊었을 때 전통 무술을 했는데, 충주에 공연하러 간 적이 있단다. 한국에서 손님이 왔다고 이 티셔츠를 찾아 입었을 아저씨의 모습이 상상되어 웃어 버렸다.

　아저씨는 빠른 속도로 양식장을 가로질러 작은 신사가 있는 무인도로 우리를 안내했다. 배를 타지 않으면 절대 구경하지 못할 미지의 섬에서 잠깐 산책을 했다. 물속에는 열대어같이 알록달록한 물고기들이 헤엄치고, 숲에서는 처음 듣는 새소리가 난다. 따뜻한 색감의 일본 애니메이션 주인공이 된 것 같은 기분에 이곳을 떠나기 싫어진다.

✳

짐을 챙겨 마을을 나선다. 시골의 먼 친척집에서 하루 머문 것 같다. 언제 또다시 돌아와도 그 집에서 우리를 반겨 줄 것만 같은 그들의 미소가 남았다. 한 굽이 돌아 나오는데, 밤새 친구들한테 온 메시지가 한꺼번에 도착해서 허벅지가 한참을 진동한다.

"아들, 또 핸드폰이야? 밖에 풍경 좀 봐봐. 저기 길가에 핀 꽃 보여? 피레네산맥에서 눈 맞으면서 피어 있던 그 꽃 같은데."
"알았어요, 알았어. 다음 절 가는 길 찾는 중이에요."

핸드폰 없이 지낸 꿈 같은 하루는, 오늘의 다짐들은, 금방 또 잊히겠지. 하지만 잊기 전에 한번 마음속으로 되뇐다. 하루에 한 시간이라도 핸드폰과 멀어져 봐야지. 그리고 오롯한 나만의 시간을 누려 봐야지. 이 말을 아예 핸드폰 바탕 화면에 큰 글씨로 적어 놓을까? 그럼 그 글씨 읽으려다 또 핸드폰을 보겠지? 차라리 핸드폰을 아까 그 무인도에 놓고 올걸 그랬나?

여름날의 에히메

여름날의 에히메 05

낮과 밤

낮

마쓰야마의 도고온천에서 걸어서 5분이면 도착하는 '센 게스트하우스'에 짐을 풀었다. '센'은 온천의 '천'을 딴 이름이다. 건물 앞에 주차하고 들어가려는데, 주차 표지판 위에 산티아고 순례길의 이정표인 노란 조가비가 붙어 있다. 도고온천 옆의 호텔 이름이 알베르게 도고Albergue Dogo(알베르게는 산티아고 순례길의 순례자 숙소를 의미)인 것도 눈에 띄었던 차였는데, 센 게스트하우스 문을 열고 들어가니 알베르게의 자원봉사자같이 생긴 서양인 스태프가 반갑게 인사를 한다. 알고 보니 미국 출신인 매트도 산티아고를 걸은 적이 있다고. 그뿐만 아니라 일본인 부인 노리와 2009년에 오사카 게스트하우스에서 만나서 순례라는 키워드로 서로 사랑에 빠졌다고 한다. 그래서 지금 세 살배기 딸 사나까지 셋이 여기 살면서 순례자 게스트하우스를 운영하게 된 것이다. 반가운 마음에 짐도 풀지 않고 카미노 이야기를 잔뜩 나눴다. 4월에 피레네산맥을 넘다 눈 폭풍에 고립되었던 엄마와 내 이야기에 6월에도 피레네에서 눈보라를 만났다고 맞장구를 치는 매트. 산티아고의 여러 길을 걷고 나서 시코쿠 순례까지 마쳤다는 그에게 우리 가족의 산티아고 여행기, 시코쿠 여행과 남은 일정 계획, 또 엄마와 아빠의 은퇴 후 다시 산티아고로 가겠다는 꿈까지 다 털어놓고 말았다. 전우도 아니고 이건 무슨 재향 군인회 같은 느낌이다.

저녁

도고온천 앞에서 저녁밥을 먹었다. 엄마는 텐동(튀김 덮밥), 아빠는 지라시 스시(계란, 회, 어묵 등을 얹어 먹는 초밥), 나는 우니동(성게알 덮밥). 다른 취향을 강요하지 않고 음식을 나누지도 않는다. 자기가 먹고 싶은 음식을 골라서 알맞게 먹으니 좋다고 해 놓고, 어째 다들 조금씩 과식을 해 버렸다. 좀 걸어야겠다며 나섰는데 온천 앞 공터에 나쓰메 소세키의 소설 《봇짱(도련님)》의 스토리를 담은 자동인형 시계탑이 서 있다. 옆에는 열차 모형도 전시되어 있다. 사람들이 전통 의상인 유카타를 입고 옹기종기 모여 사진을 찍고 있다. 그들의 온천 복장 덕분에 일본 메이지 시대로 시간 여행을 간 기분이다.

"엄마, 여기가 《센과 치히로의 행방불명》에 나온 그 온천이래요. 여기를 모티브로 작업했다고 하네."
"예전에 친구들이랑 갔던 야마가타 긴잔온천도 센과 치히로 배경지라고 했는데……."

"내가 친구들이랑 대만 갔을 때, 사람이 하도 많아서 지옥편이라고 불린다는 지우펀 있잖아요. 그 산골 마을도 센과 치히로 배경이라고 그랬는데? 도대체 어디가 배경인 거예요? 상술인 건가?"

"여기저기에서 좋은 부분들만 가져온 거라고 생각하면 되지."

"아빠도 참."

도고온천에 개별실을 예약했다. 다다미방에서 옷을 갈아입고, 목욕을 한 후에 간단한 다과를 곁들일 수 있는 코스. 오래된 온천에 사람이 가득하다. 《센과 치히로의 행방불명》에 나온, 이마에 수건 얹은 병아리 귀신이라도 된 듯 늘어져서 몸을 담갔다가 다시 삐걱거리는 가파른 계단을 타고 방으로 올라왔다. 나쓰메 소세키 사진이 붙은 오

래된 방에 앉아 먹는 봇짱 경단이 꿀맛이다. 교사였던 《봇짱》의 주인공이 당고 사 먹는 걸 학생들이 놀렸던 장면이 생각난다. 삶의 낙이 이 온천에 오는 것밖에 없던 주인공의 삶을 떠올린다. 집 앞에 이런 근사한 온천이 있다면 나도 그랬을 텐데, 하고.

밤

　여행하느라 밀려 버린 일을 조금 하려고 노트북을 가지고 라운지로 내려갔다. 사나도 매트도 다 잠들었을 시간, 라운지에 한 남자가 앉아 있다. 테이블에 편지를 수북이 쌓아 놓은 채다. 일이 급해서 눈인사만 하고 자판을 두드리다가 문득 눈길이 그의 손 주변에 멈췄다. 편지가 아니라 고지서들이었다. 고지서를 뜯고 읽고 다시 봉투에 넣어 풀칠해서 봉하는 그의 손이 조금 떨리는 것 같았다. 스무 통은 되어 보이던 뭉치를 하나씩 읽는 그 앞에서 숨소리도 내기가 어려웠다. 내 한마디가 독이 될까, 숨소리가 방해될까 투명 인간이 된 것처럼 자판만 두드렸다. 결국 "오야스미나사이(안녕히 주무세요)." 한마디하고 돌아선 밤. 그는 누구였을까. 어디서 와서 이 게스트하우스에 묵고 있는 걸까. 무슨 사연이 있는 걸까. 밤잠을 조금 설쳤다.

아침

동네가 조용하다. 간밤에 마주친 그 남자는 온데간데없다. 심지어 매트와 노리, 사나도 보이지 않는다. 다 어디 간 걸까. 메이지 시대 같던 온천 마을 풍경도, 심란하던 밤의 고민들도 다 사라진 아침. 센과 치히로의 좁은 터널에 들어갔다 나온 듯한 몽롱한 기분이 들었다. 어릴 적부터 꿈속에서 맛있는 음식을 먹고 일어나면 목감기가 걸려 있었는데, 오늘 딱 그 느낌으로 이 한여름에 뜬금없이 목감기에 걸렸다.

여름날의 에히메 06
일과 순례

"핸드폰 계속 볼 거면 여기 그늘에 들어와서 해!"

"엄마, 아니 왜 화를 내요?"

"이 뙤약볕에 핸드폰 들여다보다가 눈 나빠진다고 몇 번을 말해? 내가 눈 나빠져 보니까 얼마나 답답한지 알아?"

"안 나빠져 봐서 모르거든요! 갑자기 일 때문에 급한 연락이 와서 답장하느라 그랬어요. 포켓몬 잡은 거 아니거든요!"

한여름의 태양에 가만히 서 있기도 힘든 대낮. 55번 절 난코보南光坊 경내에서 엄마와 작은 목소리로 투덕거렸다. 자동차로 순례하느라 안 그래도 여기가 저기 같고 거기가 여기 같은데, 싸우다 나왔더니 난코보에서 뭘 봤는지 기억도 잘 나지 않는다. 엄마는 지난 두 번의 여

정보다 유독 핸드폰을 자주 들여다보는 내가 내내 신경 쓰였을 테다. 그럴 만도 하다. 자동차 순례를 결정하고 나서 캐리어에 카메라며 노트북까지 바리바리 챙겨 왔으니까. 클라이언트들에게는 휴가 공지를 하지 않았고, 당연히 한국에서 진행 중이던 일도 나를 따라 일본으로 왔다. 차 안이나 부모님이 잠든 밤시간에 조금씩 처리하면 되겠다고 생각했지만, 연락은 때를 가리지 않았다. 납경을 받을 때도 근사한 풍경 앞에 서 있을 때도 핸드폰은 징징 울렸고, 여행에 집중하지 못한다는 생각에 부채감도 스멀스멀 올라오고 있었다.

다음 절로 이동하는 차 안이 적막하다. 아빠의 헛기침 소리와 내비게이션 소리, 창문 틈으로 들어오는 바람 소리가 전부다. 긴 정적과는 거리가 먼 집이라, 모두에게 고역의 시간일 억겁의 몇 분.

"엄마, 내가 미안. 오기 전에 내가 실수해서 손실이 조금 났는데, 그거 처리하느라고 그랬어요. 모르게 하려고 했는데 마음이 급했네."

"그런 거면 말을 해야지. 으이구. 머리 좀 식혀."

"아휴. 거의 다 해결했어요. 쏘리쏘리."

엄마가 핸드폰만 들여다보는 나한테 서운해서 그러는 줄 알고 오해한 내가 좀 밉고 민망했다. 자식의 눈 건강까지 챙기느라 인상을 찌푸려야 하는 엄마도 힘들겠다고 생각하니 고마운 마음이 든다. 그리고 갑자기 일이 늘면서 컴퓨터를 오래 봐서 그런지 진짜 눈에 초점이 잘 안 맞는 것 같기도 하다. 눈은 괜찮다고 큰소리친 건 나니까 엄마한테 덜 민망하게 눈 좀 아껴야겠다는 생각이 들었다.

※

사실 일본은 서울에서 프로젝트를 진행하면서 다니기에 더없이 좋은 곳이다. 시차도 없지, 급한 일이 생겨도 그날 돌아갈 수 있지. 게다가 클라이언트한테 전화가 와도 감이 멀지 않게 티 안 나게 받을 수 있다는 점까지 좋았다(비밀인데 적어 버렸다). 미묘하게 다른 통화 연결음을 눈치채는 이들만 빼면 일본에 왔다 갔다 하는 게 큰 문제가 없었는데, 오늘은 좀 마음을 내려놓고 쉬고 싶다. 하지만 큰 갈등 구조와 감정 과잉이 없는 우리 집 분위기 때문인지, 작은 다툼이 있고 나면 서로 가라앉은 분위기를 살리려 노력하느라 정신이 없다. 오늘도 그렇다.

"엄마가 점심 쏜다! 아빠 통장에서 빠져나가는 엄마 카드로!"
"엄마, 아빠의 통장 구성 요소 중에 돈으로 책정되지 않는 엄마의 가사 노동과 내조 비용이 반은 되는 거 몰라요?"
"어느 신부님 유튜브 보니까 그걸 돈으로 환산해 놨더라? 얼마라 그랬더라? 반도 훨씬 더 될 걸?"
"그렇다면, 아빠가 쏘는 걸로. 땅땅땅!"

의문의 1패를 당한 아빠지만, 조용한 헛기침으로 엄마와 나의 투덕거림을 중재해 주는 그 넉넉한 마음으로 카드도 순순히 내어주실 거라 믿어 의심치 않는다.

여름날의 에히메 07

종이학 2[*]

엄마의 짙은 갈색 책장 위에는 유리 상자 하나가 놓여 있었다. 안에
는 오래되어 색이 바랜 종이학이 가득했다. 처음에는 투명했을 유리
상자도 먼지가 앉았다가 물걸레로 지워지기를 반복해서인지 뿌옇게
안개가 꼈다. 내가 기억하는 어린 날에도 이 상자가 있었고, 내가 자라
는 동안 언제나 그 자리에 있었다. 엄마의 제자들이 서울로 올라오는
엄마를 응원하며 접어 준 거라고 했다. 벌써 30년도 더 된 이야기다.

그러고 보니 내 가장 오래된 기억은 오후의 햇살 내리는 수녀원 응
접실 창가에 매달린 빨간색 종이 금붕어가 있는 풍경이다. 왜 기억이
날까 생각하면, 내가 떼를 써서 결국 금붕어가 우리 집으로 이소해서

* 원대한, 《엄마는 산티아고》 80쪽 〈종이학〉 챕터의 제목
을 따왔다.

한참을 매달려 있었기 때문이다. 내 소유욕에 관한 이야기보다는 종이 이야기를 하고 싶다. 초기 기억으로 남은 종이의 물성 때문일까, 사촌누나의 스케치북에 낙서를 하며 자라서일까. 학교에 들어가서도 종이접기반을 거쳐 골판지공예반에서 텔레토비를 만들다가 종이에 그림을 그리기 시작했고, 20년이 지난 지금은 충무로에 인쇄할 종이 보러 뛰어다니는 삶을 살고 있으니, 어릴 적 경험과 기억이 미치는 영향에 대해 동의할 수밖에 없겠다.

지금도 나는 술자리나 카페에서 이야기가 길어질 때면 영수증이나 냅킨으로 자꾸 종이학을 접는다. 정신 사납다고 하는 사람부터 예쁘다고 가져가겠다고 챙기는 사람까지 다양한 반응이 나타난다. 산티아고에서는 암 투병 중인 부인에게 선물하겠다고 내 종이학을 가져간 할아버지도 있었다. 큰 의미를 담아 접지는 않았지만, 날개 달린 작은 학이 가진 희망의 메타포가 있지 않을까 생각해서 이 습관을 버리지 않고 있다.

✳

어느 여름, 가족 여행으로 나가사키에 갔다. 나가사키에는 '카쿠레 키리시탄'이라는 독특한 신앙이 있다. 일본의 초기 천주교 신자들이 박해를 피해 250년을 숨어 지낸 후 발견되었는데 그들과 그들의 신앙을 카쿠레 키리시탄이라고 한다. 가슴이 아프면서도, 일본 토착 문화의 영향으로 변형된 천주교 교리와 성상들이 인상 깊었다.

나가사키를 슬픈 도시로 기억하게 하는 또 다른 것 중 하나는 종이학이다. 우연히 우리가 머물고 있던 8월 9일은 나가사키 원폭 투하

추모의 날이었다. 차분하게 희생자들을 추모하는 분위기의 도시를 걷다가, 종이학을 접어서 평화의 탑에 붙이는 행사에 참여했다. 우리를 식민 지배하고 태평양 전쟁을 일으킨 일본의 자국민 피해자들을 우리가 추모하는 것이 맞을까 의구심이 들었지만, 앞으로 일본이 과거에 대해 제대로 사과하고 평화로 나아가기를 바라는 마음으로 종이학을 접었다. 평화공원에서 열린 추모식 제단에는 엄청나게 큰 종이학 모형이 있었다. 학생들이 알록달록한 종이학 꾸러미를 제단에 바치고는 〈천 마리 학〉이라는 추모 노래를 불렀다. 추모하는 마음과 불편한 마음이 공존했던 무척 더웠던 여름날의 풍경.

✳

62번 절 호주지寶壽寺에서 또 종이학 뭉텅이를 발견했다. 순례를 하면서 들른 거의 모든 사찰에 실로 엮은 오색 종이학이 있었다. 엄마가 이야기했다.

"이게 센바즈루千羽鶴라는 거래. 천 마리 종이학이라는 뜻인데, 나가사키 원폭 추모식 기억나지?"

"응, 그럼요. 학이 무슨 상징같이 여기저기 있었잖아요."

"그게 원폭이랑 관련이 있대. 히로시마에서 태어난 어린 여자애가 방사능에 피폭되었는데, 문병을 온 고등학생들이 선물한 종이학을 받고서 종이접기를 시작했대. 주위 환자들이 도와줘서 천 마리를 접었는데, 그러고 얼마 안 있어서 죽었다나 봐."

"그래서 그게 평화의 상징으로 남은 거예요? 일본은 진짜 이런 거 잘하는 것 같아요. 맥락 만들기와 적절한 상징 찾기."

"아무튼 그래서 입원한 환자들에게 선물도 하고, 장수를 기원하는 상징으로 접기도 한대. 소원을 이뤄 준다는 이야기도 있고."

이야기를 듣고 보니 법당 창가에 주렁주렁 걸린 종이학들이 다 사연 덩어리로 보인다. 무엇일지 모를 그 사연들을 생각하며 잠시 묵념을 했다. 저녁, 부모님과 숙소에 둘러앉아 내일 일정을 이야기하다가 또 무의식적으로 종이학을 접고 있다는 걸 깨닫고 웃었다. 내가 응원이 필요할 때도, 또 응원이 필요한 누군가를 생각할 때도, 해오던 대로 종이학을 접어야겠다고 생각했다. 종이학을 접는 그 짧은 순간만큼은 오롯한 소망을 떠올려 보기로 한다. 그 순간만으로도 많은 위로와 용기가 생길 거라고 믿는다. 자려고 누웠는데 나가사키의 추모식에서 합창하던 학생들의 노랫소리가 귓가에 맴돈다.

평화의 바람을 넣어서

초록빛 학을 접어요

지구보다 중요한 생명이여

쪽빛 학을 접어요

미래에의 희망과 꿈을

무지갯빛 학으로 접어요

배보다 배꼽

목감기가 심해져서 아침부터 문 연 약국을 찾다가 출발이 좀 늦었다. 결국 대형 쇼핑몰에 딸린 약국을 찾았다. 도보 순례를 할 때는 들를 수 없는 위치에 있는 쇼핑몰도 자동차로는 금방이라 기분이 이상하다. 겨울부터 개미같이 꼬박꼬박 걸은 긴 궤적이 좀 허무해지기도 한다. 목감기용 사탕과 약, 물 적신 스펀지를 꽂아 쓰는 가습 마스크를 사서 길을 나섰는데, 약을 먹고 좀 나아져서는 방문 판매 사원이라도 된 듯 엄마 아빠한테 가습 마스크를 홍보하기 시작했다. 비행할 때나 대중교통 탈 때 쓰면 목도 칼칼하지 않고 좋다고 이야기하는데, 그런 것에 예민하지 않은 부모님은 별 까탈스러운 애를 다 보겠다는 표정이다. 생각하니 그렇다. 가습 마스크까지 하면서 유난을 떤 나만 목감기에 걸렸고, 엄마 아빠는 컨디션 최상. 내 염려증이 문제일까 생각

하는 와중에 우치코 마을에 도착했다.

　우치코 마을은 마쓰야마에서 남쪽으로 40킬로미터 정도 떨어져 있는 산으로 둘러싸인 작은 동네. 에도 시대부터 나무 열매로 만드는 초를 일컫는 목랍과 종이 생산으로 유명했던 곳으로, 지금도 마을 곳곳에서 그 흔적을 찾을 수 있다. 출발 전에 찾아본 소바 식당도 목랍과 관련 있는 오래된 국가 등록 유형 문화재 건물에 자리잡고 있었다. 유서 깊은 건물에서 점심을 먹는 것을 기대하며 출발했는데, 늦어져서 브레이크 타임 직전에야 간신히 식당에 도착했다. 다행히도 주문을 받아 줘서 나는 튀김소바 정식을, 부모님은 가지튀김 정식을 시켰다. 다음에 갈 목적지를 같이 지도로 보다가, 직원이 들고 온 쟁반을 본 엄마의 감탄사에 깜짝 놀랐다. 내 배보다도 더 큰 연잎 위에 예쁘게 칼질된 가지튀김이 올려져 있었다. 근처에서 딴 연잎이라고 했다. 배보다 배꼽이 더 크다면서 다들 놀란 눈치였지만, 꽤 근사한 플레이팅이라고 생각했다. 내 튀김소바가 한없이 작아 보이는 문제가 있었지만 우리 모두 싱그러운 마음으로 정말 맛있게 먹었다. 다 먹고 배를 두드리다 문득 우리 할머니의 깻잎이 생각났다.

✳

　엄마는 결혼한 지 30년이 지난 지금도 아침마다 할머니의 전화를 받는다. 어제는 파마를 했고, 친구를 만났고, 병원에 갔다, 마당에 앉아 가만히 들여다봤더니 옥수수수염이 총천연색이고, 고추꽃이 흰색이더라, 하는 할머니의 속사포 랩은 전화기 멀리서 아침밥 먹는 내 귓속까지 할머니의 일기장으로 만들곤 한다. 30년 했으면 이제 며느리

졸업하시라고, 아빠네 엄마 전화는 아빠가 받으시라고 말하지만 그 정도가 내가 할 수 있는 전부이다. 나보다 두 배를 더 산 엄마의 삶을 내가 재단하거나 강요할 수는 없다.

그런 우리 할머니한테서 택배가 오면 집안이 분주해진다. 할머니 댁 마당에서 재배한 채소들을 보내 주시는 것. 집에 아무도 없어서 택배를 늦게 열었다가는 찜통 트럭에 실려 열기를 머금은 채소들이 금방 풀이 죽어버리고 만다. 늦지 않게 개봉한 택배 상자에 담긴 내용물을 확인하고 나면 온 가족이 분주해진다. 깻잎이 온 날에는 온 집안이 김밥천국이 된다. 깻잎을 먹기 위해서 깻잎참치김밥을 말기 때문이다. 아빠가 참치를 버무려 깻잎에 넣어 말고, 엄마는 그걸 다시 김에 말아 김밥을 만든다. 간이 싱거운 김밥을 몇 끼 먹는다. 입이 물릴 때쯤에는 간간한 맛을 좋아하는 나는 마요네즈와 고추냉이와 꿀을 섞어 만든 소스에 찍어 먹고, 엄마 아빠는 남은 깻잎으로 만든 깻잎장아찌로 김밥을 싸서 먹는다. 김밥 싸는 날에는 옆집 은지네로, 또 김밥을 유난히 좋아하는 큰이모네로 배달을 가서 온 동네가 김밥을 먹는 기분이다. 할머니의 작은 텃밭에서 시작된 깻잎 효과라고 해야 할까. 다음날 계란물 묻혀서 부쳐 먹는 부침김밥도 별미. 비슷한 것으로는 할머니의 풋고추를 먹으려고 만드는 고기 고추전과 《PAPER》 동기인 신지 누나네 부모님이 재배하시는 표고버섯을 위한 버섯 불고기와 버섯 탕수가 있다. 배보다 배꼽이 커지는 음식들이지만 건강하고 귀한 밥상이다. 그 귀한 밥상 앞에서 또 우리는 옥신각신을 시작했다.

"아들, 나중에 아빠 은퇴하면 엄마가 귀농해서 채소들 보내 줄게."

"엄마 아빠가 과연 시골에 살 수 있을까? 일주일도 안 돼서 서울로 짐 싸서 돌아올 것 같은데. 서울에 구할 제 집에 들이닥치려고 그러는 건 아니죠?"

"그래도 되겠네! 서울에 일 있을 때는 네 집에서 지내고, 보통은 시골집에서 지내고."

"결사반대예요. 그럴 거면 그냥 서울에 살아요, 서울에."

✳

다 먹고 출발하려고 일어났더니 계산하던 직원이 2층에 전시장이 있으니 둘러보란다. 유적인 건물도 구경할 겸 올라갔는데, 그 동네에서 만든 공예품과 소품들을 팔고 있었다. 종이로 유명한 곳이라 그런지 전통 종이를 활용한 제품들이 많았다. 그 와중에 나는 구석에 꽂힌 광고용 부채에 꽂혔다. 전통 방식으로 만든 부채에 프린트된 광고 문구가 예스럽고 예뻐 보여 눈독을 들였더니, 우리가 집어든 몇 종류의 색종이를 계산해 주던 직원이 오셋타이로 가져가라며 손에 쥐여 준다. 부채를 들고 가게를 나서는데, 아이스크림 선물 받은 어린아이 같은 기분이었다. 푸짐한 정식과 인심이 우리 할머니의 깻잎과 옥수수, 풋고추를 생각나게 했다. 이 작은 마을의 오래된 풍경이 지켜지기를, 그리고 나의 할머니와 할머니가 직장이라 말하는 몇 평 안 되는 집 앞마당의 작은 텃밭도 안녕하기를.

여름날의 에히메 09

너의 이름은*

자려고 누웠는데 핸드폰이 반짝인다. 메시지가 도착했나 봤더니, 1년 전 오늘의 사진을 확인하란다. 무슨 사진이 있을까 클릭했더니 미야코지마의 푸른 바다가 펼쳐진다. 핸드폰이 자동으로 만들어 준 영상 속에 반가운 얼굴이 있다. 바로 마모루 군이다.

미야코지마는 오키나와에서 비행기를 타고 남쪽으로 조금 더 내려 가면 나오는 작은 섬이다. 섬 주변의 바다가 유독 아름답고 새파래서 일본어에는 미야코 블루라는 단어가 있을 정도이다. 일본 본토보다 는 대만과 훨씬 더 가까운 휴양지. 작년 이맘때 도쿄에서 같이 프로젝 트를 하는 언어학 교수님들과 미야코지마로 필드 워크를 다녀왔다.

* 2017년 개봉한 신카이 마코토 감독의 동명 애니메이션 제목에서 따왔다.

일하기에는 너무 아름답던 섬에서 빈 시간이 생길 때면 무조건 아무
도 없는 해변으로 수영을 하러 나갔다. 친구가 쓴 소설을 읽다가 바다
로 달려 나가 열대어들을 보면서 수영을 했고, 지치면 다시 모래사장
에 돌아와 잠이 들었다.

　작은 섬에서 언어와 문화를 채집하면서 돌아다니다가 자꾸 마주치
는 존재가 있었으니, 바로 교통경찰 마네킹이었다. 한적한 교차로나
삼거리에 어김없이 서 있었는데 알고 보니 이름도 있었다. 마모루 군.
지금은 열일곱 명의 마모루 군이 미야코지마를 지키고 있다고 했다.
얼굴을 직접 그려서인지 표정이 모두 다른 게 재밌었는데, 스스무, 이
사오, 다카야, 고지, 교조, 아쓰시같이 자기 이름들이 있었다. 이름을
붙인 게 귀여워서 마지막 날 차를 타고 마모루 군과 친구들을 제대로

구경하면서 사진으로 기록했다. 비밀 해변과 마모루 군으로 기억되던 미야코지마를 시코쿠 순례길에서 다시 떠올렸다.

✳

사실 시코쿠 순례길 위에도 마모루 군 같은 귀여운 마스코트가 있다. 사찰의 경내에 들어서면 보이는 본당과 대사당, 납경소를 안내하는 안내판 속 동자승이다. 하늘색 까까머리를 하고 입을 활짝 벌린 채 웃으며 우리를 반긴다. 이 친구는 이름이 뭔지도 모른다. 아마도 순례길 정비 사업을 하면서 다 같이 맞춘 것 같다. 이 동자승 안내판이 있는 사찰도 있고, 치웠는지 보이지 않는 사찰도 있었다. 그리고 비를 맞아 상한 동자승 얼굴에 덧대어 그림을 다시 그렸는지 미묘하게 다르게 생긴 아이들도 있었다. 누군가가 뜨개질을 한 모자를 씌워준 동자승도, 턱받이를 한 동자승도 있었다. 철마다 옷을 갈아입는 브뤼셀의 오줌싸개 동상이 생각나기도 해서 웃음이 나왔다.

순례자의 평균 연령이 높은 조용하고 무료한 길에서, 절에 들어가자마자 분위기를 바꿔 주는 이 하늘색 동자승을 찾는 게 나의 취미 중 하나가 되어 버렸다. 소임을 다했는지 화장실 가는 길에 뒤집어져 놓여 있는 동자승 표지판을 볼 때면 괜히 마음이 짠해지고, 표지판이 없는 사찰에 가면 '우리 애 어디 갔어!'라고 외치고 싶어진다. 특히나 자동차로 이동해서 친구를 만들기 어려운 이번 여정에서, 이 동자승이 거의 유일하게 우리를 반기는 것 같은 기분이 들기도 했다.

오늘도 해발 350미터의 65번 절 산카쿠지三角寺에서 활짝 웃는 동자승을 만났다.

"엄마, 이 동자승으로 캐릭터 사업하면 잘 될 것 같은데요. 미니어처 입간판이 있으면 집에 세워 놓고 싶지 않을까요? 산티아고 안내석 미니어처랑 같이 세워 놔도 좋겠어요."

"이제 집에 그런 거 놓을 데 없거든? 현관 신발장 위도 네가 여행 가서 사 온 스노우볼로 꽉 찼잖아!"

"나중에 다 챙겨갈 거거든요! 그런데 이 동자승은 이름도 없으니까 괜히 더 쓸쓸해 보이네. 이름이라도 붙여 줄까 봐요."

"안나이案內 군 어때? 엄마 어렸을 적 버스 안내양같이, 우리 길을 안내해 주니까."

"그럼 줄여서 안쿤?"

"오케이. 안쿤 좋네. 저기 안쿤 또 있다! 내가 너의 이름을 불러 주었을 때~."

"엄마, 땡. 내가 '그'의 이름을 불러 주었을 때거든요. 그런데 내가 '너'의 이름을 부르는 게 더 로맨틱하네요. 내가 너의 이름을 불러 주었을 때, 너는 나에게로 와서 안쿤이 되었다!"

잊고 있던 이 시의 마지막 구절이 떠오른다. 우리들은 모두 무엇이 되고 싶다, 너는 나에게, 나는 너에게, 잊혀지지 않는 하나의 눈짓이 되고 싶다, 는 말. 우리는 이제 이 작은 동자승을 잊지 않게 되겠지. 엄마가 이름 붙인 길가의 들꽃들, 이름 붙여 부르던 동네의 길고양이들, 잊고 지냈던 많은 이름이 떠올라 머리에 맴돈다. 소중한 것들의 이름을 불러 본다. 아무것도 아니던 것이, 이름을 부르는 순간 세상에서 가장 특별한 나의 것이 되었다. 이 까까머리 동자승 안쿤같이.

만년 2등의 흥겨운 춤사위

겨울과 봄에 각각 일주일이 넘게 걸린 도쿠시마현과 고치현 순례가 무색하게, 에히메현은 자동차로 며칠 만에 다 돌아 버렸다. 어디를 갔었는지, 그 절에 무슨 특색이 있었는지도 기억나지 않는다. 납경만 받고 바로 다음 절로 이동해 버려서 길 위에서 사귄 친구도 없다. 순례자로는 조금 아쉬운 일이지만, 여름 순례를 계획보다 빨리 마친 이유가 몇 가지 있다. 태풍 때문에 일정이 꼬이기도 했고, 여행을 준비하다 알게 된 시코쿠의 춤 축제 두 개를 보기 위해서이기도 했다.

여름 순례 계획을 짜면서, 겨울의 도쿠시마 시내에 흔적이 즐비했던 바로 그 춤 축제 '아와오도리'가 우리 순례 기간 중에 열린다는 걸 알았다. 그리고 또 다른 하나, 이름도 들어본 적 없는 고치현의 '요사코이' 축제도 비슷한 기간에 열린다고 했다. 시간이 맞으면 둘 중 한

군데라도 들러서 구경하자고 말해 놓고 시코쿠에 왔는데, 마음이 춤축제에 가 있었는지 생각보다 빨리 끝난 순례 덕분에 고치와 도쿠시마 두 도시를 다시 들를 수 있게 되었다. 도쿠시마와 고치 둘 다 이전 여정에 들렀던 도시라 그런지 졸업한 모교에 찾아가는 것 같은 기분이 들었다.

고치 시내로 들어가는 길, 봄에 엄마와 비를 맞고 들어갔던 그린 카레집에 셋이 다시 들어갔다. 오늘은 그때와는 정반대로 영화 《기쿠지로의 여름》 같은 청량한 여름날이다. 봄에 비에 젖은 채로 카레를 먹으면서 아빠와 다시 오면 좋겠다고 이야기했는데, 몇 달 만에 소망이 이뤄진 셈이다. 여전히 맛있는 그린 카레와 그때는 급하게 출발하느라 제대로 못 먹은 디저트 케이크까지 느리게 다 먹었다. 나오는 길에 주인 아주머니한테 봄에 엄마와 왔다가 이번에는 아빠까지 셋이 다시 왔다고 했더니, 기억하고 있다며 웃는다. 얼른 가게를 접고 은퇴할 꿈을 꾸고 계실지도 모르겠지만, 한참 뒤에 다시 와도 이 가게가 이 자리에 그대로 남아 있으면 좋겠다고 내 맘대로 생각했다.

✳

요사코이 축제는 매년 8월, 고치 시내의 도로들을 통제하고 나흘 동안 열린다. 오늘은 그중에서도 본 공연 날이라 그런지 시내로 향하는 도로 곳곳이 통제되어 있다. 불길한 예감이 들었다. 주차를 어떻게 하지? 곳곳에 사람들을 실은 트럭이 노래를 틀며 지나가고, 백화점 마당에서는 리허설인지 사람들이 옷을 맞춰 입고 춤을 추고 있다. 하지만 주차를 못 하면 하나도 구경을 못 하겠다는 생각에 창밖의 축제가 까마득해 보인다. 역 근처에는 뭐가 있을 것 같아서 갔더니 빈 주차장이 보였다. 일단 주차를 했는데 기분이 싸하다. 한참을 달려가 역 매표소에 물어봤더니 고치역에서 출발하는 통근권 기차표를 이용하는 사람들만 할인된 금액에 이용할 수 있는 주차장이란다. 렌터카에 과태료가 붙으면 안 되겠다는 생각에 초고속으로 차를 빼서 다시 도로로 나섰는데, 행진이 지나가는 길목인지 바리케이드를 치던 경찰이 얼른 지나가라며 러버콘을 잠깐 치워 준다. 숙소까지는 몇 십 킬로미터. 주차를 하고 돌아올 수도 없는 거리라, 숙소에서 텔레비전으로라도 봐야겠다며 바리케이드를 통과하는데, 바로 눈앞에 주차장 표시가! 딱 한 자리가 남아 있기에 생각할 겨를도 없이 주차를 하고 좋아하는데, 뒤에서 음악 소리가 들리기 시작한다. 메인 공연의 하이라

이트가 펼쳐지는 심사 위원석 건너편에 주차를 한 것이다. 얼떨결에 공연장의 VIP존에 입장해 버린 꼴이 되었다.

사실 도쿠시마현의 아와오도리는 400여 년의 역사를 가진 일본 3대 춤 축제 중 하나이고, 요사코이는 그에 대적하기 위해 고치현에서 60년 전에 만든 나름 신생 축제다. 매년 둘 중에 아와오도리가 더 회자되는데다가, 요사코이는 심지어 삿포로에서 요사코이를 벤치마킹해서 만든 '요사코이 소란' 축제에도 인기가 밀려 버렸단다. 하지만 눈앞에서 본 현장은 달랐다. 남녀노소 할 것 없이 수많은 사람들이 춤을 췄다. 정해진 전통 음악에 맞춰 전통 춤을 춰야 하는 아와오도리와 달리 소리 나게 만든 나무 주걱 나루코로 박자를 맞추는 최소한의 규칙만 지키면 어떤 춤이든 오케이! 게다가 다양한 옷차림으로 각각의

색을 뿜어내는 그들의 공연을 보다가 저녁 시간도 놓쳐 버렸다.

참 행복해 보였다. 아이들의 손을 잡고 춤추는 아빠, 우스꽝스러운 옷을 입고 엉뚱한 스텝을 밟던 아주머니, 산소 호흡기를 달고 휠체어에 탄 채 나루코를 흔드는 할머니를 보며, 이 며칠간의 축제가 그들에게 또 다시 일 년을 살게 해 주는 힘이 되겠구나 생각했다. 만년 2등을 하면 어떻고, 자신들이 쌓은 축제의 인기를 다른 곳에 억울하게 빼앗기면 어떠랴. 그들의 즐거운 춤사위에 나도 쉬지 않고 춤을 춘 것같이 심장이 뛰었다. 나는 즐겁게 살고 있는가, 나를 즐겁게 해 주는 것은 무엇인가. 숙소로 돌아가는 차에서 곰곰이 생각했다.

"아이고, 팔이 당겨서 잠을 못 자겠네."
"왜 팔이 당겨요?"
"아까 부채질해 주다가."

엄마는 화려한 복장을 하고 여름 대낮에 춤을 추며 걷는 사람들이 더울 것 같다며, 지나가는 공연팀 한 명 한 명에게 부채질을 해 줬다. 그 바람이 얼마나 도움이 되겠냐고 공연이나 보자고 엄마를 꼬셨지만 막무가내였다. 게다가 엄마의 부채질이 플라시보 효과를 냈는지, 아니면 진짜 시원했는지, 부채 세례를 받은 공연팀은 시원하다는 표정과 함께 미소와 손동작으로 우리에게 화답했다. 가끔 보면 진짜 엉뚱한 엄마. 그래도 다시 생각하니 시끄러운 공연 중에 엄마가 해 줄 수 있는 최고의 응원과 마음 표현이었을 거라 생각했다. 저 당기는 팔이 자고 일어나면 분명 더 아프겠지. 내일은 동전파스를 사러 약국부터 들러야겠다.

여름날의 에히메 11

사요나라, 트라우마!

어릴 때부터 물이 좋았다. 오래된 사진 앨범을 펼치면 작은 스테인리스 세숫대야, 분홍색 아기 욕조, 옥상에 놓인 작은 고무 풀장, 지금은 사라진 무지개 물 미끄럼틀이 있던 보라매 수영장, 슬라이드가 재미있던 이천 미란다호텔 수영장, 엄마 친구 민숙 이모가 살던 대천 해수욕장에 이르기까지 온갖 물속에서 찍은 사진이 가득이다.

물을 그렇게나 좋아했지만 웃기게도 물가 징크스가 있었다. 초등학교 때 스카우트 잼버리를 갔다가 '5년에 한 명 빠진다'는, 외줄로 나뭇잎 푹푹 썩은 흙탕물 웅덩이 건너기를 하다가 입수한 것을 시작으로, 제주도 해수욕장의 야외 탈의실 겸 샤워장 한가운데 있는 웅덩이에도, 청계천 돌다리에서도 입수를 했다. 돌다리는 두드려 보고 건너는 게 아니라 안 건너는 거라고 너스레를 떨 정도였다. 친구들도 내

물가 징크스를 알고 있어서 물가 근처에 가면 내 호주머니의 핸드폰부터 자기들 주머니로 옮겨 주기에 바빴다. 그래도 물이 좋았다. 크고 나서도 여행을 떠날 때는 그 도시에 수영장이 어디 있는지부터 알아봤고, 가방에는 언제나 수영복을 넣고 다녔다. 해군 군악대에 오디션을 보게 되었던 것도 해군 부대에는 일과 후에 사용 가능한 전투 수영장이 있다는 정보 때문이었다.

그러던 나의 물 사랑이 끝난 건 동해 바다에서 스킨스쿠버 사고가 났던 여름이었다. 장대비 오는 날 바다에 들어갔다가 산소통에 문제가 생겨서 수심 20미터에서 죽을 뻔한 뒤로 물이 무서워졌다. 몇 년 후에는 세월호 참사가 일어났다. 끊임없이 검은 바다를 마주할 수밖에 없던 긴 시간 동안, 자주 머릿속이 새하얘지곤 했다.

엄마와 봄에 자전거를 타고 고치현을 누비는 사이에 세월호가 뭍으로 올라왔다. 햇살에 건조되는 그 큰 덩어리를 보면서 내 마음의 물기도 마르는 것 같다고 느낄 즈음, 급하게 이탈리아 출장이 잡혔다. 베니스 비엔날레 오프닝 취재였다. 좋아하던 카페에 걸려 있는 베네치아 사진만 봐도 미로 사이에 흐르는 검은 수로를 떠올리며 속이 울렁거리던 나였지만, 이제는 도전해 봐도 좋겠다고 생각했다.

다른 사람들보다 일찍 일어나서 수로를 따라 좋아하는 노래를 들으며 조깅을 하고, 검은 수로 가에 앉아서 아이스크림을 먹었다. 비엔날레 기간이라 미로 곳곳에 예술 작품이 숨어 있어서였는지 한국에 돌아올 즈음엔 눈을 찌푸리지 않고 수로 사이의 작은 다리를 건널 수 있게 되었다.

✳

"고와이(무서워)!"

　도쿠시마로 차를 몰다가 들른 이야계곡의 나무 넝쿨 다리 '가즈라
바시'. 성수기라 그런지 다리 입장 줄이 꽤나 길었다. 몇십 분을 기다
려서야 계곡을 잇는 수상한 다리가 눈앞에 들어왔다. 얼기설기 엮어
서 안전을 보장받지 못할 것 같은 모양새의 나무다리 아래에는 짙은
계곡물이 흐르고 있었다. 극기 훈련 온 학생들처럼 출발선에서 우왕
좌왕하는 사람들의 소리로 다리 앞은 도떼기시장 같았다. 우리 앞에
서 있던 가족이 다리를 건너 때였다. 아내와 딸이 잘 건너는 걸 확인
한 아빠가 어린 아들과 출발하려는 순간 아들이 "고와이!"라고 소리
치고 그 자리에 돌처럼 멈춰 선 것이다. 무뚝뚝하고 운동 잘 할 것같
이 생긴 남자아이가 겁먹은 것을 보고 주위 어른들은 귀엽다며 웃었
지만, 나는 꼬마한테 감정 이입이 됐다. 우리 엄마 아빠도 재미있다며
다리를 건너는데, 나는 출발을 못하고 있는 아이가 걱정되어 다리에
집중을 못 한 채 다 건너 버렸다……? 이건 분명 저 아이 덕분이다.
동병상련의 정을 실천하다가, 정작 내 무서움을 까먹고 후다닥 다리
를 건너 버린 것이다. 이렇게 얼렁뚱땅 트라우마를 극복한 셈치기로
했다. 하지만 꼬마는 결국 다리를 건너지 못하고 아빠와 우회로로 돌
아가려는지 시야에서 사라졌고, 우리는 이 지역 특산물인 은어구이
를 먹으러 식당으로 걷기 시작했다.

　"엄마, 쟤네 아빠 참 멋있다."

"왜?"

"사내자식이 이것도 못 건너느냐고 끌고서 다리를 건널 수도 있을 텐데, 못 가겠다고 하는 걸 듣고 저 먼 길을 같이 돌아가 주는 거잖아요."

"그러게. 너희 아빠도 그랬지. 하기 싫다는 걸 강제로 시킨 적 없잖아."

"맞아요. 자전거 가르쳐 주실 때 뒤에서 잡고 있다고 거짓말하고 손 놓은 거 빼고는?"

"그건 엄마도 당했지. 아빠 인기척이 없어서 뒤돌아보다가 넘어져서 무릎 다치고 울었잖아."

"그래도 덕분에 셋이 따릉이 타고 서울 여행도 하고, 심지어 엄마랑 나는 자전거로 순례도 했잖아요. 그러고 보니 얼마 전에 아빠가 저녁 시간에 갑자기 사라졌던 거 생각나요. 아랫집 초딩 쌍둥이 형제랑 축구하느라 학교 운동장에 갔었다면서요. 구기 종목 싫어하는 아들만 키우면서 어떻게 참으셨나 몰라요."

알이 찬 은어구이와 우동을 먹으면서 꼬마네 아빠와 우리 아빠를 생각했다. 다그치지 않고 기다려 주고 이야기를 들어주는 아빠들. 그런 태도를 보고 자란다면 언젠가 웃으며 아빠 손을 놓고 저 다리를 건너는 날이 오지 않을까 생각하다가, 맘이 좀 찡해졌다. 세상을 살다 보면 점점 더 어렵다고 생각되는 것들이다. 누군가가 싫어하는 것을 강요하지 않는 것, 묵묵히 기다려 주는 것, 그리고 좋아하는 것에 공감해 주는 것. 아무것도 모르고 운전하러 열쇠를 꺼내는 아빠의 뒷모습을 바라본다. 값진 태도를 배우지 못하더라도 오늘만은 좀 곰살맞게 굴어야겠다.

여름날의 에히메

여름날의 에히메 12
도쿠시마의 댄싱 머신

세상에서 가장 못하는 게 뭐냐는 질문을 받을 때가 있다. 그럴 때면 언제든지 자신 있게 대답할 수 있다. 나는 춤을 못 춘다고. 초등학교 때 핑클의 〈영원한 사랑〉에 맞춰 반 전체가 춤출 때가 시작이었다. 테이프가 늘어질 때까지 노래를 틀어 놓고 연습했지만 소용없었다. 그 후로 고등학교 동아리 경연 대회와 대학교 신입생 환영회를 거치면서 춤과 거리가 먼 나를 알게 되었다. 심지어 군 복무 시절에 참가한 독서 퀴즈 대회에서는 뜬금없이 춤으로 결승 진출자를 가려서 눈물을 삼킨 적도 있다. 생각해 보면 나뿐만 아니라 부모님도 춤과는 거리가 먼 사람들이다. 엄마는 이런 나를 보고 가끔 우스갯소리를 한다. 엄마가 춤을 못 추니까 너라도 좀 춰 보라고, 클럽이라도 가서 흔들어 보라고. 에이 엄마도 참, 내가 안 해 봤을까 봐.

그랬던 내가 갑자기 춤을 추겠다고 나섰다. 발단은 한 아이돌 그룹 오디션 프로그램이었다. 고등학교 동창인 상희, 민, 종민과 서로 다른 멤버를 응원하면서 결승전을 보다가 얼떨결에 그러지 말고 다같이 저 춤을 배워 보자는 결론에 도달했다. 막상 찾아간 댄스 학원에는 남자도 많을 거라는 친구의 말과 다르게 남자는 나뿐이었다. 선생님도, 열댓 명의 수강생도 다 여자였다. 어쩐지 남자 탈의실에는 샤워 시설도 없더라니. 부끄러움을 무릅쓰고 구석에서 춤을 췄다. 선생님이 나는 골반이 없느냐며 웃음보를 터트려도 열심히 췄다. 나 때문에 웃겨서 집중이 안 되었다는 친구들의 후기도 상관없었다. 클래식 음악만 가득 차 있던 내 플레이리스트에 순식간에 신나는 노래들이 담겼다. 잘하고 좋아하는 것만 하는 삶보다 창피당할 줄 알면서도 못하는 것에 도전해 보는 삶이 더 풍요롭다는 것을, 이렇게 즐겁다는 것을 알았다. 여행 오느라 댄스 학원에 몇 번 빠져 버려서, 돌아가면 또다시 골반이 어디 있느냐는 핀잔을 듣겠지. 골반 실종설이 돈다고 해도 어디 한번 우리 동네 댄싱 머신이 되어 보기로 했다.

✳

다시 도쿠시마에 접어든다. 길거리에 《포켓몬스터》 캐릭터 알로라 폼 나시처럼 솟아 있는 야자수가 도쿠시마에 돌아온 걸 알려 준다. 아와오도리 기간에는 많은 사람들이 찾아 오는데, 그걸 모르고 여행 중에 숙소를 예약하려다 시내에 빈방이 하나도 없어서 망연자실해졌다. 결국 고안해 낸 것은 겨울 순례 때 묵었던 숙소들에 전화해 보는 것이었다. 다행히 시내에서 차로 그렇게 멀지 않은 미치시루베에 자리가 있다고 해서 한시름 놓았다. 겨울에 걸었던 길을 자동차로 순식간에 지나서 다시 민박집에 도착했다. 반가워하는 미치시루베 주인장과 인사를 나누고, 짐만 놔두고 다시 시내로 차를 몰았다. 8월 중순의 나흘 동안 아와오도리 공연은 야외에 스탠드형 관람석을 설치한 연무장演舞場과 백화점 앞 야외 무대, 차 없는 거리, 시립문화센터 등 도시 전역에서 열린다. 내일 연무장 지정석 티켓을 예약해 놨지만, 분위기나 보자며 저녁을 먹고 좀 걸어 보기로 했다. 이미 와 본 도시라 마음이 편하다. 겨울에 아빠와 별 보던 노천탕이 있는 호텔 1층의 코코이찌방야에서 카레를 먹고 나섰는데, 마치 우리 동네 코코이찌방야에서 외식하고 들어가는 발걸음 같다. 맞다. 여름 순례의 보너스 여행 마지막 날. 겨울과 봄 순례와는 다르게 여름 순례는 셋이서 집 앞에 밥 먹으러 나서는 산책길 같았다. 맛있는 음식과 적당한 걷기와 즐거운 이야기가 함께한 산책 같던 여행이 끝나간다.

소리가 나는 곳으로 걸음을 옮겼더니 길거리 공연이 시작되고 있었다. 메인 공연을 하는 유메렌有名連(렌은 아와오도리 춤을 추는 그룹을 말한다)이 없는 공연이라고 생각해서 별 기대를 하지 않았는데, 사람들 머리 틈 사이로 본 광경은 엄청났다. 아와오도리의 춤선이 술취한 아저씨들이 추는 춤같이 설렁설렁하다고 생각했는데, 그 춤을 수백 명이 함께 전진하며 추니까 그 광경에 압도된다. 자유분방한 요사코이보다 절제되어 있으면서도 그 안에 많은 감정이 담겨 있었다. 남자들은 손에 소품을 들고 껄렁거리는 듯한 춤을 큰 동작으로 추고, 여자들은 작은 보폭과 몸짓으로 다른 춤을 춘다. 춤 파트에서 성별에 따른 춤이 정확하게 구분되어 있는 것이 조금 아쉬웠지만, 구경하면서 여자 춤을 따라 추는 남자아이와 남자 춤을 따라 추는 여자아이들을 보며 아와오도리의 미래를 그려 본다.

"야토사, 야토사, 아 야토 야토 야토!"

　엄마가 추임새를 자꾸 따라 한다. 웃기다고 그만하라고 하다가, 나도 중독되어서 야토사 야토사 하며 걷는다. 무슨 뜻인가 하니 오랜만에 안부를 묻는 거라고 한다. 하지만 수없이 반복하니 안부만 묻는 인형이 된 것 같기도 하고, 산티아고에서 순례자들을 마주칠 때마다 '부엔 카미노'를 외치던 우리도 생각났다. 공연이 끝나고 역으로 돌아가는 길, 공연팀들과 관객들이 섞여 길거리에서 자연스럽게 2차 스테이지가 시작되었다. 춤 못 추는 엄마 아빠도, 골반이 실종된 나도 쉬운 동작에 사람들을 따라 춤을 춘다. 그러고 보니 이 춤에는 골반이 필요 없다. 우리 동네 댄스 대장, 댄싱 머신이 되겠다고 큰소리쳐 놓고 골반만 찾다 끝난 내 치욕적인 과거는 여기에 묻어 두고 갈 수 있겠다. 신명나게 손짓을 하며 춤을 추는데, 일본 노래 구절이 생각난다. '오도루 아호니 미루 아호, 오나지 아호나라 오도라냐 손손踊る阿呆に見る阿呆、同じ阿呆なら踊らにゃ損損' 춤추는 사람도 바보이고 구경하는 사람도 바보라면, 춤을 안 추고 구경하는 게 손해라는 뜻이다. 오늘은 부끄러움을 내려 놓고 밤새 춤을 춰도 좋겠다. 어떤 기운이 느껴진다. 이러고 돌아가면 춤 수업 때 골반도 딱 찾아버릴 것 같은 그런 기분이!

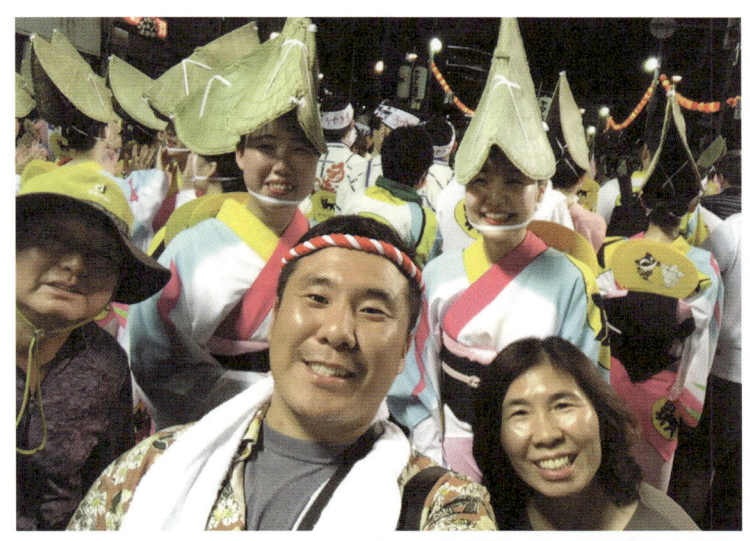

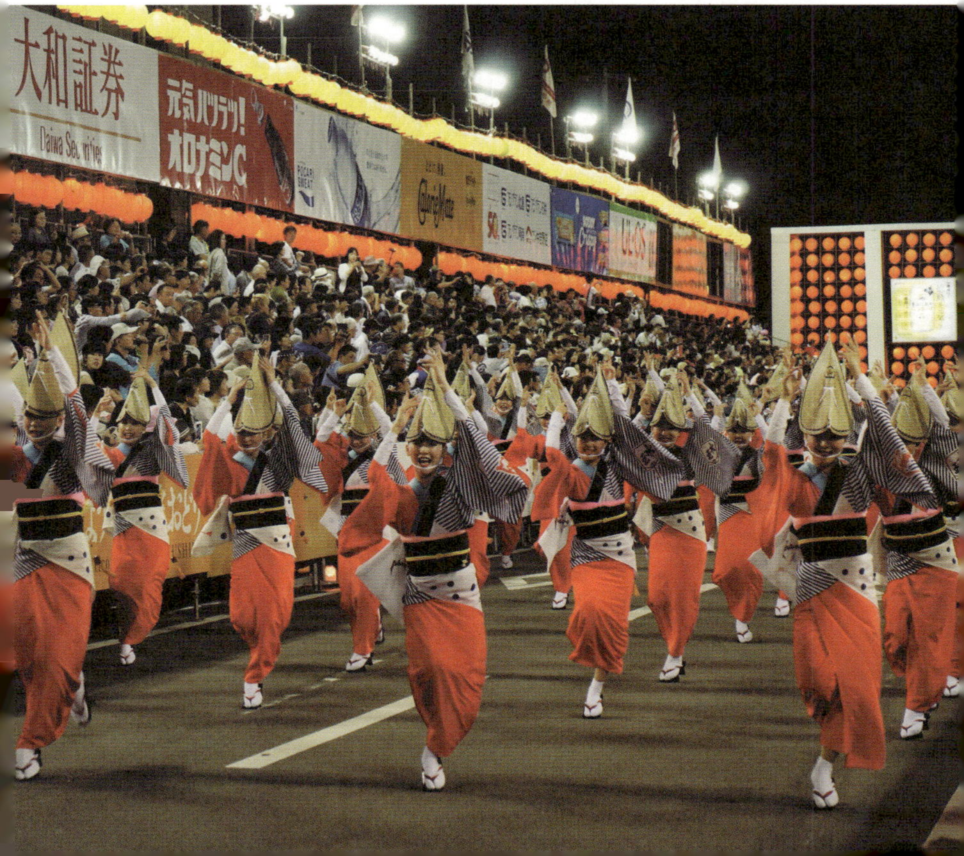
大和証券
Daiwa Securities
元気ハツラツ!
オロナミンC

고치

65 → 카가와

보리의 도장
——————
에히메 순례 지도

카가와
도쿠시마
에히메
고치

가을날의 카가와

가볍고 경쾌한 마음으로

비행기가 가을로 접어든 세토내해 상공에 들어선다. 창밖으로 이제는 익숙한 지형이 멀리 내려다보인다. 하늘에서 내려다본 시코쿠의 산자락은 이제 여기저기 조금씩 울긋불긋하다. 참 시코쿠답게 밋밋하다고 생각하는데, 창가에 앉은 엄마는 조그만 색의 변화에도 연거푸 감탄사를 터뜨린다. 작은 공항에 벌써 네 번째 내릴 준비를 한다. 바퀴가 땅에 닿고 나서 조금 지나지 않아 음악이 흐르기 시작한다. 모차르트의 〈디베르티멘토〉Divertimento 2악장이다.

대중교통을 이용할 때 흘러나오는 배경 음악이나 역 멜로디는 광고 음악만큼이나 무의식과 가깝게 맞닿는다. 그런 선율들을 머리에 그릴 때 제일 먼저 떠오르는 것은 KTX를 타고 할아버지 성묘나 할머니 댁에 갈 때 역 정차를 알리는 그 노래, 스티브 바라캇의 〈캘리포니

아 바이브스〉California Vibes이다. 졸다가 이 노래가 흘러나오면 무조건 눈이 번쩍 떠진다. 거의 새벽 알람 수준이다. 역을 지나치지 않게 아주 큰 역할을 해 주지만, 반대로 목적지가 한참 남았는데 천안아산역 언저리에서 눈이 뽕 떠지는 부작용도 있다.

출장 때문에 자주 가는 도쿄의 지하철에서 열차가 들어올 때 나오는 수많은 멜로디 중에도 기억에 남는 노래가 있다. 솔미레도 솔미레도 도라솔파 도라솔파 솔. 간단한 멜로디인데, 이건 도쿄에 내 어린 시절을 데려온다. 바이엘과 체르니같이 피아노 교습소에서 통과 의례처럼 치던《부르크뮐러 25번 연습곡》의 첫 곡 앞부분을 샘플링한 멜로디다. 이 곡의 소제목은 '순진한 마음La Candeur'. 고레에다 히로카즈 감독의 영화《그렇게 아버지가 된다》에서도 군마현의 소도시에 사는 아이들의 모습 뒤로 이 곡이 깔린다. 그래서인지 이 멜로디가 나온 후 도착한 열차를 타면 내 어린 시절로 여행을 떠나는 기분이 들어 혼자 멜로디를 다시 흥얼거리곤 한다.

얼마 전에는 우에노역 야마노테선 플랫폼에 서 있는데, 열차 도착 안내와 함께 익숙한 멜로디가 스피커에서 나왔다. 수십 번을 오고 간 도쿄에서 처음으로 이방인이라는 생각이 들어 괴로운 와중이었다. 오페라《투란도트》의 아리아 '네순 도르마Nessun dorma'가 흘러나오자 학창 시절 오페라사 시간에 배웠던 대사가 어렴풋이 기억났다.

Dilegua, o notte!

Tramontate, stelle!

Tramontate, stelle!

All'alba vincerò!

Vincerò! Vincerò!*

어둠이 사라지고, 우리는 승리할 거라는 내용이다. 퇴근길 축 처진 어깨를 하고 집으로 돌아가는 직장인들을 위한 메시지겠지. 하지만 그 순간에는 캐리어를 끌고 플랫폼에 힘없이 서 있던 이방인인 나를 위한 맞춤 노래라고 생각했다. 파바로티의 목소리 없이 단순한 멜로디만으로 내 어깨를 강하게 두드려 준 그 해질녘의 플랫폼을 생각하면 지금도 조금 울컥해진다.

✳

"엄마, 이 노래가 모차르트 〈디베르티멘토〉 2악장인데."

"네가 도쿄에서 연주했던 곡 아니야?"

"그걸 어떻게 기억해요? 맞아요. 도쿄 직장인 오케스트라 이름이 디베르티멘토인데, 창단 20주년 기념으로 첫 연주회 때 했던 '셀프타이틀' 격인 이 곡을 다시 연주했어요. 디베르티멘토는 희유곡嬉遊曲이라는 뜻인데, 기분 전환을 하는 것같이 가벼운 마음으로 연주하는 춤곡이에요."

"우리를 위한 곡이네! 그런데 저 승무원 낯익지 않니? 우리 지난번에도 본 것 같아."

"승무원이 한두 명도 아니고 그럴 리가 없지 않을까요? 아니

* 사라져라 밤이여!
물러가라 별들이여!
여명이 밝아오면 승리하리라!
승리하리라, 승리하리라!

다, 벌써 네 번째니까 진짜 다시 만날 수도 있겠네요."

시코쿠에서 네 번째 착륙 완료. 승무원도 낯익고, 랜딩 뮤직은 이제 반갑기까지 한 이곳에 다시 왔다. 번뇌를 이기고 해탈의 경지에 이른다는 '열반의 도장'으로 우리가 간다. 열반에 이르기 위해 마음을 닦아야겠지만, 추적추적 내리기 시작한 가을비에 마음이 무거워지려고 한다. 마지막 걸음을 시작해야 하는 오늘, 모차르트가 우리의 이정표가 되어 주리라 믿는다. 디베르티멘토, 가볍고 경쾌한 마음으로. 기분 전환하듯이 즐겁게.

가을날의 카가와

고양이의 별

다카마쓰항에서 출발한 배는 20분 만에 도깨비상이 서 있는 메기지마女木島의 항구에 정박했다가 곧 다시 속도를 낸다. 얼마 가지 않아 낮은 산 주위로 집들이 빼곡하게 들어선 섬, 오기지마男木島가 보인다. 배가 가까이 다가가자 항구 앞의 독특한 건물이 나타난다. 오기지마의 사무소와 관광 안내소를 겸하고 있는 건축물 '오기지마의 혼'이다.

"아들, 그날 기억나? 올봄에 너희 작업실 멤버들이랑 고양이 케이지 안고서 반지 원정대같이 집 앞 큰길을 지나간 날."

"엄마가 횡단보도 건너편에서 우연히 본 줄은 몰랐죠. 엄마가 불렀어도 모르고 달렸을걸요."

봄 시코쿠 순례를 준비하던 3월, 작업실 건물 담벼락 안쪽에 고양이가 쓰러져 있는 걸 발견했다. 몇 년 전부터 작업실 골목에 살던 검은고양이였다. 근처에는 무언가를 섞은 젖은 사료가 흩어져 있었다. 죽은 줄 알았는데 그 순간 고개를 아주 조금 움직였다. 마침 작업실 멤버에게 강아지용 케이지가 있어서 거기에 넣고 동네 동물병원까지 뛰는데, 그걸 하필 횡단보도에 서 있던 엄마가 보고 만 것이다.

응급 처치 후 수액 맞는 모습까지 보고 돌아와서 아무도 퇴근하지 못하고 서성이며 병원의 연락을 기다렸다. 쥐약 섞은 사료를 뿌리는 인간에 대한 환멸보다는, 고양이에게 달려들어 응급 처치해 주던 수의사 선생님들의 눈빛과 밤늦도록 걱정하며 도란도란 작업실에 남은 사람들의 온기로 기억되는 밤. 결국 고양이는 다음날 아침 하늘나라로 갔다. 그날 오후 멤버들과 고양이를 안고 겨우내 미루던 뒷산 산책을 갔다. 떠나보내며 이름을 지어줬다. 훗날 다시 만날 날이 있다면 츄르 하나 건네주고 싶은, 까만 콩을 닮은 '서리태'.

밤새 잠도 못 자고 고양이를 돌봐 준 수의사 선생님들은 약제비도 처치료도 받지 않았다. 서리태를 생각하며 멤버들과 준비한 선물을 동물병원에 전해 주고 엄마한테 이야기했더니, 엄마는 이렇게까지 하는 걸 이해할 수 없다는 표정으로 날 쳐다봤다.

"엄마, 나한테 유난스럽다고 하지 마세요. 엄마는 고양이가 싫다고 하면서도, 맨날 동네에 사는 동물들 마시라고 마당 고무 대야에 물을 떠서 놓잖아요."

"그건 봄만 되면 참새들이 목이 마른지 우리 마당의 모과나무 새싹을 자꾸 따먹으니까 그렇지."

하지만 나는 올봄만이 아니라 지난겨울과 다른 계절들의 엄마를 기억하고 있다. 도시에 사는 동물들이 물 마실 곳이 하나도 없다고 걱정하면서 매번 물을 채워 놓던 그 모습을.

✳

세토우치해의 많은 섬 중에서 오기지마에 들러봐야겠다고 생각한 것은 카가와 안내 지도에 적힌 '고양이 섬'이라는 단어 때문이었다. 오기지마는 3년마다 열리는 세토우치 국제 예술제의 여러 섬 중에 하나이기도 하지만, 고양이가 많이 살고 있는 섬으로 훨씬 유명하다. 배에서 내리자마자 오기지마의 혼을 향해 걷는데, 건물 앞에서 택배 회사 '야마토 운수' 유니폼을 입은 아저씨가 드러누워 있는 고양이의 배를 만져 주고 있다. 야마토 운수의 검은고양이 로고는 한번 보면 누구든 기억할 정도로 단순하고 귀엽다. 일본에서는 야마토 운수 대신 '검은고양이 야마토의 택배クロネコヤマトの宅急便'라고 부른다고. 검은고양이 택배 기사가 고양이를 만져 주는 이곳이 천국인가 싶다.

곳곳에 드러누운 고양이들을 이정표 삼아 골목으로 들어서서 조금만 걸으면 오르막이 시작된다. 신사가 있는 언덕을 넘어 숲길을 따라 다시 바다로 내려올 작정이다. 주민들은 다 어디로 갔는지 골목이 고요하다. 인기척이 나는 곳으로 올라갔더니, 등산복을 입은 아주머니들이 아이돌 팬 미팅 현장같이 검은고양이를 졸졸 따라다니고 있다. 엎드렸다 누웠다 하면서 하릴없는 고양이의 일거수일투족을 좇는다. 나도 아주머니들 사이에 껴서 아이돌 골수팬 흉내를 내본다. 한참을 찍다 뒤를 돌아보니, 나무에 매달린 감을 찍던 엄마는 어느새 소실점 근처를 걷고 있다. 고양이가 나를 쳐다보는 A컷도 못 건졌는데 어쩔 수 없이 허겁지겁 걸어서 엄마를 따라잡았다.

엄마와 바다가 내려다보이는 산길을 걷는다. 망중한이다. 굽이굽이 길을 따라 다시 한참을 내려갔더니 탁 트인 바다가 보인다. 그리고 방파제 사이사이에 고양이 얼굴이 보인다. 방파제 틈 사이로 갑자기 사라져서 그 속에 빠졌나 걱정했는데 금방 다른 구멍으로 빼꼼 나온다. 방파제가 이 섬에서는 초대형 캣타워로 사용되는 것이다. 엄마와 시간 가는 줄 모르고 지켜보다가 마을로 들어섰다. 역시 아무도 없다. 눈을 비비고 다시 봐도 사람 한 명 없이 온통 고양이다. 심지어 곳곳에 고양이 그림과 사진이 담긴 포스터가 붙어 있다. 사람들은 물질을 하고 있는 걸까? 다들 어디로 간 걸까?

해바라기하는 고양이들을 보면서 우리를 스쳐간 동물 친구들을 떠올려 본다. 우리 집 마당에 새끼를 낳았던 고양이 뮤, 집 앞 찻길에서

사고가 난 후 시골로 내려간 백구 미미, 어린이날에 학부모회에서 종이컵에 넣어 나눠 준 청거북이, 사촌 연아 누나 실험실 출신으로 우리 집에 왔다가 서른 마리가 넘는 대가족을 이룬 햄스터 부부까지. 엄마와 추억의 이름들을 읊는데 저 멀리 오기지마의 혼이 보이기 시작한다.

우리는 고양이 섬에 갔던 걸까, 아니면 고양이 별에 들렀던 걸까. 올봄에 잠깐 만났던 서리태도, 어릴 적 우리 집 마당에 살던 검은고양이 뮤도, 저기 방파제 옆에서 햇볕을 쬐던 고양이들 무리에 있었다고 믿어 의심치 않는다.

나의 도시를 기억하는 사람들

죽은 자들의 영혼이 머문다고 전해지는 71번 절 이야다니지彌谷寺에 올라가는 길. 정류장에서 버스를 기다리던 할아버지와 인사를 나눴다. 할아버지는 고등학생 때인 쇼와昭和 18년, 그러니까 1943년부터 2년간 서울에서 지냈다고 한다. 패전 후 쫓기듯 일본으로 돌아갔을 테다. 과거사에 대해 이야기 나누기가 조금 부담스럽겠다고 생각했는데, 그가 한국어로 의외의 말을 내뱉었다.

"이거 얼마예요?"

발음이 어눌했지만 정확한 표현을 잊지 않은 그였다. 1940년대는 일제의 탄압으로 한국어를 사용하는 것도 어려웠을 텐데, 일본인인 그가 한국어를 잊지 않았다는 이야기가 놀라웠다. 그는 가난하던 서울의 시장통에서 저 말을 내뱉으며 사 먹던 따뜻한 찹쌀떡을 잊지 못한다고 했다. 산티아고길에서 만났던 찰스 할아버지가 생각났다. 1970년대에 배낭여행으로 온 서울, 한강 다리 밑에서 살던 사람들의 이야기를 들려 준 그의 얼굴이 스친다.

✳

돌아가신 외할아버지가 떠오른다. 살아 계셨으면 지금 이 할아버지 정도 나이가 되셨겠지. 평생 대전에 사신 줄 알았던 할아버지도 나에게 옛 서울 이야기를 해 준 적이 있다. 돌아가시기 전에 마지막으로 서울에 오셨을 때, 엄마와 셋이서 덕수궁 돌담길을 걸었다. 외할아버지가 1930년대 말에 서울로 유학 와서 다녔던 배재학당에 가 보고 싶다고 말씀하신 뒤였다. 정동 돌담길 근처에 막 배재학당 역사박물관으로 개관된 옛 학교 건물을 할아버지와 함께 둘러봤다. 서울로 유학 와서 하숙집에 살던 때의 할아버지 이야기에 흠뻑 취했다. 첨성대에 학생들이 빼곡하게 매달린 수학여행 사진을 보고 지금은 첨성대에 올라갔다가는 잡혀간다며 웃었고, 체육 시간에 한강을 수영해서 건넜다는 이야기에는 깜짝 놀랐다. 옛 모습으로 복원된 교실에서는 교복을 입고 외할아버지가 기억하는 교가까지 같이 불렀다. 집으로 돌아오는 길에는 돌담길 초입에서 돈가스를 먹었다. 1930년대 할아버지의 서울과 2010년대의 내 서울이 겹쳐진 순간. 그날의 덕수궁 돌담길을 나는 잊을 수 없다.

다시 버스 정류장, 세월이 만든 깊은 그의 눈을 바라보며 긴 시간 이야기를 경청했다. 머리에 서울의 풍경이 여러 겹으로 쌓인다. 할아버지도 우리도 각자의 길을 떠나야 하는 시간. 할아버지는 우리에게 예의를 갖춰 90도로 인사를 하고는 손을 흔들었다. 잠깐의 만남이었는데 돌아서는 순간 눈물이 핑 돌았다. 다시 돌아본 그곳에 그는 보이지 않았다. 걸음이 느린 그는 어디로 갔을까. 죽은 자들이 머문다는 이곳에서 만난 어떤 환영은 아니었을까. 어떻든 상관없다. 그가 불러온 추억 덕분에 곧 도착한 71번 절에서 오랜만에 외할아버지를 실컷 그리워할 수 있었다.

스페인과 일본의 산골짜기에서 내가 살기 전의 나의 도시를 기억하는 사람들을 만났다. 오늘은 외할아버지의 추억까지 더해진 내 도시가 그리워진다. 나에게 고향은 없다며 떠나온 이 길이 마음의 고향이 되었다고 이야기하던 내가 오늘은 고향 서울을 떠올린다. 다시 돌아가면 1930년, 1940년, 1970년의 서울이 아닌 내가 살고 있는 지금의 서울이 조금은 다시 보일지도 모른다. 지겹던 내 도시를 사랑하게 될지도 모른다.

"엄마, 오늘 저녁에 돈가스 먹을까?"
"갑자기 웬 돈가스?"
"그냥 먹고 싶어서."

가을날의 카가와

길 위의 천사를 만나다

10월의 칸타브리아산맥처럼 이 섬의 가을 산자락에도 비가 잦다. 우리나라와 비슷한 빛깔의 단풍이 반갑지만, 비가 오는 날에는 우비에 시야가 가려 단풍이고 풍경이고 도통 기억으로 남길 수가 없다.

81번과 82번 절이 있는 오히라산大平山에 오른 오늘도 아침부터 비가 내렸다. 여행 전에 다친 허리가 계속 말썽을 피운다. 비가 와서 저기압이라 더 그런가 보다 했더니, 자기도 그렇다며 공감하던 엄마가 문득 '그런데 아니 벌써? 너 참 딱하다'는 표정을 짓다가 나에게 딱 걸렸다.

전투력이 저조한 나보다 엄마가 앞에서 걷는다. 평소에는 걸음이 느린 엄마가 앞에 걷는 것이 둘의 호흡을 맞추는 데에도, 엄마가 덜 지치는 데에도 중요한 역할을 했지만 오늘은 다르다. 비바람을 막아

주는 것도 안개와 가시덤불을 헤치는 것도 엄마다. 바람에 날아갈 것 같은 엄마의 뒷모습이 안개에 싸여 사라졌다 나타나기를 반복한다. 분명 지척에 실재해 걷고 있는 엄마인데, 모습이 안개에 덮이기만 해도 마음이 조급해진다. 그 실루엣을 따라 빗속을 종일 걸어 81번 절 시로미네지白峯寺에 도착. 하지만 다섯 시에 문을 닫는 82번 절 네고로지根香寺까지가 빠듯하다. 늦어서 납경을 못 받으면 이 높은 산을 내일 다시 올라야 할 수도 있다는 생각에 숨도 돌리지 않고 빗속을 걸었다.

4시 57분, 간신히 82번 절에 도착했다. 납경소로 달려가 납경부터 받고 나왔는데 그사이 절은 문 닫을 준비를 한다. 절 내부를 제대로 구경도 못하고 나오는 게 마음에 걸렸지만 이미 산중은 칠흑 같은 어둠 속. 한 시간을 내려가야 버스가 있는 마을이 나온다. 오늘 예약한 숙소까지 가려면 지금이라도 얼른 다시 출발해야 한다. 스님들도 퇴근했는지 가로등 불빛 하나 없는 어둠을 빗소리만 채우고 있었다.
핸드폰 조명을 켜고 걸음을 재촉하다가 계단 한가운데에서 빗물에 미끄러져서 계단 아래까지 굴렀다. 내 비명 소리에 엄마가 달려왔다. 바로 일어날 수가 없었다. 오기 전에 다친 허리 부위를 정확히 다시 다친 거다. 한참 비를 맞으며 누워 있다가, 간신히 엄마의 부축으로 일어나 벗겨진 신발을 신고 조금씩 움직여 찻길에 섰다.
칠흑 같은 밤의 산중에 차가 다닐 리 만무하다. 설상가상, 조명을 켜고 걸어서 금방 배터리가 닳았는지 핸드폰도 꺼져 버렸다. 이 상태로 걸으면 오늘 안에 민가가 있는 마을까지 내려갈 수 있을까. 순례 중에 이렇게 막막한 기분은 처음이다. 무사히 돌아가면 무용담이 되겠다고 이야기하다가, 무사히 돌아가지 못할 것 같아 말수가 적어졌다.

아주 느리게 길을 따라 내려가는데 왼쪽 능선이 밝아진다. 차 헤드라이트 불빛이다. 엄마는 흰 수건을 들고 길가에 섰다. 머지 않아 눈 앞에 차 한 대가 나타났다. 수건을 흔드는 엄마를 발견하고서는 비상등을 켜고 우리 앞에 멈췄다. 창문을 여는데 젊은 여자 혼자다. 엄마가 일본어로 뭐라고 소리치는데, 빗소리 때문에 들리지 않는다. 운전자가 엄마 이야기를 듣고서 비에 젖은 나를 보고 눈이 동그래지더니 우선 차에 태운다. 히터를 세게 틀어줘서 차 안이 금세 따뜻해졌다. 허리는 아프지만 비에 젖은 마음이 쾌속으로 건조되는 기분이다. 예약한 숙소 이름을 알려 달라고 하더니 전화를 걸어 위치를 확인한 후, 거기까지 데려다 준단다. 가까운 역까지만 태워 달라고 했지만 결국 그녀는 자신의 목적지와 반대 방향인 우리 숙소까지 20분이나 차를 몰았다. 비에 쫄딱 젖은, 누군지도 모르는 우리를 선뜻 차에 태운 그녀는 오히라산 꼭대기에 있는 아동 재활 시설에 근무한다고 했다. 우연히 평소와 다른 길로 퇴근 중이었는데 우리를 발견해서 잘됐다는 그녀의 이름을 물었다. 미치히사逍久, 한자를 풀면 오래된 길이란 뜻이다. 이 오래되고 아름다운 길에서 만난 그녀를, 숙소에 우리를 내려 주면서 사탕 두 개를 쥐어 주고 떠난 그녀의 이름을 잊지 않기로 한다.

　　"엄마, 그런데 아까 미치히사 씨가 차 세웠을 때 엄마가 뭐라고 말했길래 그렇게 바로 우리를 태워 줬어요?"
　　"와타시노 무스코가 이타이!"

엄마는 길 위에서 내 구글 번역기가 되어 모르는 한자를 척척 읽어 줬지만 어디서 먼저 일본어를 입 밖에 내지는 않았다. 긴급 상황에서

'우리 아들이 아파요!'라고 이야기해서 나를 구해 준 엄마가 오늘은 참 고맙다. 저녁상을 차려 놓고 우리가 오기를 오매불망 기다린 할아버지 주인장이 먼저 방으로 올라가시고, 우리는 차갑게 식은 반찬을 곁들여 맥주를 마신다. 내 허리는 괜찮을까. 내일 일어날 수나 있을까. 여기서 순례를 멈추게 될까. 하지만 오늘 엄마와 마시는 이 맥주 한 잔으로, 이 순례는 충분하다. 더 바랄 게 없다.

가을날의 카가와

조금씩 천천히

다행이다. 아침에 두툼한 이불을 젖히고 몸을 일으키는데, 여전히 허리에 통증이 있지만 걸을 수는 있겠다. 그때 손목시계에서 알림이 왔다. 어제 27.27킬로미터, 38,885걸음을 걸었단다.

"엄마, 엄마가 맨날 그 말 했잖아요. 도보 순례하면서 수백만 걸음을 걸었는데 한 번도 삐끗하지 않고 걸은 것에 감사하다고. 엄마가 걱정하던 그 삐끗을 정작 내가 해 버렸네."

"진짜 십년감수했어. 이만하길 천만다행이지. 성모님이 치마 폭으로 어제 돌계단을 감싸 주셨나 보다."

"성모님 치마폭이랑 요즘 살찐 내 엉덩이의 합작품일지도 몰라요."

"너 걸을 수는 있겠어?"

"응, 조금씩 천천히."

✲

그저께 저녁, 그러니까 어제 계단에서 굴러서 다치기 하루 전에는 75번 절 젠쓰지善通寺에서 묵었다. 코보 대사가 태어난 곳이라 그런지 규모가 엄청났다. 진언종의 총본산이라고 하니, 서울 주교좌성당인 명동성당과 비슷한 것 같아 이해가 됐다. 명동성당의 종탑처럼 그곳에도 눈을 사로잡는 5층 목조탑이 있다. 그와 함께 젠쓰지를 기억하게 하는 것은 이튿날 아침에 한 어둠 체험. 아침 예불을 마치고 진행되는 프로그램으로, 빛이 모두 차단된 본당 지하를 한 바퀴 걷고 올라오는 것이다. 한때 유행한 어둠 체험 전시와 같을 거라고 생각했지만, 냉기가 가득한 사찰의 지하에서 칠흑 같은 어둠을 경험하는 건 또 다른 일이었다. 엄마가 코앞에서 같이 걷고 있는데도 세상에 혼자 남은 기분이 들었다.

나는 내 마음속의 어둠을 마주할 용기가 있을까. 또 다스릴 수 있는 지혜가 있을까. 머리가 무거워진 채로 아침을 먹다가, 나와 비슷한 표정으로 건너편에 앉아 있는 사람들과 이야기를 시작했다. 한 명은 불교 음악을 하는 안진 스님, 그 옆의 금발 청년은 프랑스에서 온 루카스였다. 안진 스님이 부른 노래를 유튜브로 틀어 놓고 돌아가며 간단한 자기 소개를 했다. 밥을 다 먹고 일어서려는데 루카스가 말했다.

"대한, 납경소에 붙은 포스터 봤어?"

"뭔가 불태우는 행사 같은데, 제대로 못 봤어. 어제 마당에서 행사 준비를 하는 것 같긴 하던데."

"그건 매년 11월에 여기서 하는 행사예요. 호마 의식이라는 불교 의식인데, 병과 번뇌를 불에 태워 버리는 의미가 있어서 사람들이 많이 모이죠. 모레 열리는데 볼 수 있으면 좋은 경험이 될 거예요."

들고 있던 안진 스님이 친절히 설명해 줬다. 불교 지식인이 바로 옆에 있었는데, 그녀의 긴 머리 스타일 때문인지 유튜브에 노래를 올리는 가수 이미지가 강해서인지 스님인 걸 깜빡했다. 지금부터 다시 걸으면 행사가 열리는 모레까지 40킬로미터는 더 갈 테다. 다시 거꾸로 걸어서 돌아오기는 어렵겠지만, 혹시라도 행사에 오게 되면 만나서 인사하자고 하고서 각자 길을 나섰다.

조용한 마을의 상점가를 지나가는데, 오픈 준비를 하는 듯 분주하던 미용실 문이 열리더니 사장님이 잠깐만 기다리라며 우리를 붙잡는다. 그러고는 냉장고에서 녹차 페트병 두 개를 꺼내서 손에 쥐어 준다. 뜬금없는 오셋타이에 기분이 좋아진 아침. 엄마와 가던 방향으로 계속 걸으려다 일정을 변경하기로 했다. 어떤 행사인지는 모르지만 궁금하면 멈춰 보는 게 맞을 테다. 81번, 82번 절을 먼저 들렀다가 거꾸로 젠쓰지로 돌아와서 행사를 본 뒤, 76번 절부터 이어서 걷기로 했다. 하지만 바꾼 순서 때문이었는지 산속에서 종일 비를 맞고 계단에서 굴러버린 것이다. 자고 일어났지만 여전히 아픈 허리를 부여잡고, 처음으로 온 길을 거꾸로 걸어서 젠쓰지로 간다.

"아들, 이것도 신기하다. 젠쓰지에서 병이나 고민들을 불에 태워 없애는 거라고 했잖아. 허리 아픈 걸 태워 보내려고 우리가 순서를 바꿨나 보다."

이 행사를 보려고 굳이 순서를 바꾸지 않고 그냥 쭉 갔으면 산에서 비도 안 맞고 넘어지지도 않았을 거라고 말을 하려다, 그냥 엄마 말에 맞장구를 치고 말았다. 평소에는 엄마의 긍정 에너지가 과하다 싶을 때가 있지만 오늘 같은 날엔 딱 맞춤하다.

"엄마, 반대 방향으로 걷는 역순례는 더 어려운 수행으로 여겨져서 예로부터 공덕이 세 배 쌓인대요."
"그건 시코쿠 한 바퀴를 거꾸로 걸어야 하는 거 아냐?"
"오늘 걷는 것도 기적이니까, 오늘 하루 거꾸로 걷는 걸로 공덕을 넉넉히 쌓아 주실 거예요."

✳

저 멀리에 5층 목조탑이 나타났다. 다시 젠쓰지다. 마당의 아름드리 녹나무 주위로 사람들이 많이도 모였다. 소원을 적은 작은 나무판을 공양하는 접수처가 있다. 다른 종교의 의식에 참여하는 게 불편할까 싶은데 엄마가 먼저 가서 줄을 선다. 엄마는 '세계 평화'와 '가족 건강'을 썼고, 나도 질세라 '온 가족이 건강하고 화목하길 기원합니다.'라고 적었다. 어릴 적에 외할머니, 외할아버지를 모시고 경주 가족 여행을 갔을 때가 생각났다. 불국사에서 외할머니가 사라져서 한참 찾아다녔는데, 나중에 기왓장에 소원 적는 접수대에서 할머니를 발견한 사건이다. 가족 건강을 냉큼 적는 엄마나 나나 외할머니랑 다 똑같다며 웃었다.

사람들은 염불을 외우고, 스님들은 법궁으로 활을 쏘고 법검을 휘두르며 마당을 정화시키는 의식을 한다. 얼마 지나지 않아 뜰 안에 연기가 자욱하게 피어오른다. 우리의 소원도 나무판과 함께 타오르고 있겠지. 오늘 타오르는 불이 지혜를 상징한다니 이왕이면 활활 더 타오르면 좋겠다. 한참을 불에 타고 편백나무 재가 남았는데, 잔불을 정리하더니 스님들이 줄 서서 남은 잿더미 위를 걷기 시작한다. 깜짝 놀랐는데 곧 구경하던 사람들도 줄을 길게 선다. 내 번뇌도, 허리 통증도 불에 타서 사라지기를 간절히 바라며 엄마와 줄을 섰는데, 번뇌 대신 발바닥이 탈 뻔했다.

루카스와 안진 스님은 다시 만나지 못했다. 하지만 수많은 스님과 순례자와 주민들이 같이 한마음으로 소원을 빈 오늘, 그들의 마음도 이곳에서 함께했으리라. 그리고 조금씩 천천히 걸을 테니 88번 절까지 잘 도착하게 해 달라는, 내 마지막 추가 소원도 하늘에서 이뤄 주실 거다.

일일일맥

셋이서 몇 번의 일본 여행을 한 뒤에 우리 가족끼리 만든 사자성어가 있다. 바로 일일일맥一日一M. 엄마와 산티아고로 떠나던 2013년 봄, 파리로 가는 길에 도쿄에서 스톱오버로 이틀을 머물던 때가 시작이었다. 배낭 메고 아사쿠사를 둘러보다가 지쳐서, 이래서 산티아고에 갈 수 있겠느냐며 낙담하던 와중이었다. 지친 엄마를 이끌고 엄마 배낭까지 짊어진 채 터덜터덜 걷다가, 아케이드에서 맥도날드를 발견하고 얼른 들어갔다. 커피와 애플파이를 먹던 엄마가 말했다.

"대전 사시던 네 외할머니가 서울에 오실 때면, 영등포역으로 마중 나갔던 거 기억나지?"
"그럼요. 외할머니가 영등포역 백화점에서 흔들의자 탄 할머

니 미미 인형을 사 주셨잖아요. 그거 내가 가지고 놀던 마론 인형 중에 최애 캐릭터였는데."

"맞아. 나도 기억나지. 하루는 외할머니를 만나서 역전 롯데 리아에서 애플파이를 먹고 가자고 했더니, 노인네가 무슨 이런 데를 가느냐면서 싫어하셨어. 그런데 가게 안에 흰머리를 하고 앉아 있는 사람을 보고서 안심이 되셨는지 그제야 같이 매장에 들어갔어."

"그랬는데 알고 봤더니 흰머리의 외국인이었다고요. 엄마한 테 열 번쯤은 들은 것 같아요."

"내가 그랬니? 여기 나이든 분들이 혼자 앉아서 신문이나 책 읽는 거 보니까 신기하기도 하고 우리 엄마 생각도 나서."

"엄마, 종로3가 맥도날드 가 보세요. 언뜻 보면 여기랑 비슷한 분위기예요. 그러고 보니 엄마랑 패스트푸드 먹으러 간 적이 거의 없네요."

"왜, 너 어렸을 때 해피밀 장난감 받는다고 자주 갔지. 기억 안 나?"

"해피밀 하니까 아~주 잘 생각나네요. 소리 없이 사라진 내 헤라클레스, 노트르담의 꼽추, 토이 스토리 해피밀 장난감들이 다 어디로 갔다고 그랬죠, 엄마?"

"덤으로 받은 거니까 짐 정리할 때 그것들부터 제일 먼저 버렸지. 그 많은 장난감들, 인형들 다 쟁여 놓고 어떻게 살아?"

"요즘 빈티지 장난감 가게에서 얼마나 귀한 대접을 받는데요. 걔네들 다시 찾아서 사려고 해도 없어서 못 산다니까."

"네 방 청소나 잘 하고 살지?"

"환기시킨다고 들어갔다가 아무거나 건들지 마세요. 돈 터치예요. 저도 프라이버시가 있거든요."

도쿄의 맥도날드에서 티격태격 1차전, 산티아고길의 레온 버거킹에서 2차전을 한 이후로 관성이 생겼나 보다. 평소에는 초록초록한 건강 밥상이 우리 집의 트레이드마크인데, 이상하게 가족 여행만 가면 걷다가 배고플 때 공통 의견으로 패스트푸드 가게에 들어간다. 심지어 삿포로에서 매일 한 번씩 맥도날드를 가고 나서는 우리끼리 통하는 암호까지 생겼다. "일일일맥, 고?"

하지만 시코쿠에서는 일일일맥이 가능할 리 없었다. 도쿠시마나 고치에서 도시를 벗어날 때 도시 외곽에서 드라이브스루 매장을 들른 적이 있지만, 시골길에서 애플파이를 찾는 건 불가능했다. 대신 밤중에 자판기에서 조달 가능한 동음이의어 '일일일맥一日一麥'의 횟수가 늘어났다.

✻

78번 고쇼지郷照寺에 도착했다. 지하에 위치한 만체관음당万体観音堂에는 일본 각지에서 온 수많은 불상이 빼곡하게 모셔져 있다. 불상을 시주한 사람들이 갖다 놓은 장난감까지 불상들과 곳곳에 섞여 있어서, 언뜻 보면 장난감 박물관 같기도 했다. 불상 사이에 음료수와 과자가 놓인 것도 간간이 볼 수 있었다.

"엄마, 여기 장난감이랑 음료수 보니까 해피밀이 생각나는데. 햄버거랑 애플파이 하나만 먹으면 소원이 없겠다."

"여기에 놓인 장난감들은 태어나지 못하고 죽은 아이들을 위로하는 건가 봐."

"그렇구나. 그러고 보니까 좀 슬픈 풍경이네요."

"아 참, 아까 오는 길에 큰 맥도날드 입간판을 봤는데 납경 받고 가볼까? 다음 절 가는 길이랑 반대이기는 한 것 같지만."

"엄마는, 입간판을 보고 이야기를 안 했어요? 당장 가야죠!"

종교는 태어나지 못한 영혼까지도 위로해야 하겠지만, 이 공간이 피치 못해 임신 중절을 한 여성들이 죄의식을 갖고 살게 하는 공간이 아니라 그들도 위로받을 수 있는 공간이 되기를 기도했다. 나오는 길에 절 앞 가게에서 파는 찹쌀떡을 한 봉지 샀다. 하지만 애플파이를 위해서 가방에 넣고 열심히 걷기 시작하는데, 어째 맥도날드가 나올 기미가 안 보인다. 한참 있다 나온 입간판 아래에는 '전방 2킬로미터'가 적혀 있었다. 아뿔싸.

진행 방향과 반대로 걷는다는 건 다시 두 배를 걸어 제자리로 돌아와야 한다는 것. 등에 고무줄을 매단 기분이다. 이따가 고생하지 말고 어서 돌아가라고 고무줄이 등을 잡아당기는데, 걸어온 거리가 아까워서 오기가 생겼다. 결국 30분을 더 걸어 가게에 도착했다. 그 말인즉 한 시간을 다시 돌아가게 생긴 거지만, 고생 때문인지 오기 때문인지 지금까지 먹은 애플파이 중에 가장 맛났다.

다시 돌아갈 길이 까마득하다. 하지만 오늘은 충분히 걸을 수 있을 것 같다. 게다가 배낭에는 아까 사 놓은 찹쌀떡도 남았으니까!

나오시마, 또 다른 약속

다카마쓰항에서 나오시마直島로 가는 페리. 아직 배낭을 메고 오래 걷기에는 무리가 있어서 하루를 쉬어 가기로 한 김에 천천히 나오시마에 다녀오기로 했다. 다카마쓰역에서 매일 한정 수량으로 판매하는 호빵맨 도시락을 사 왔는데, 열어 보니 검정콩이 굴러서 눈, 코, 입이 엉망이다. 먹는 둥 마는 둥 하면서 엄마한테 오늘의 목적지를 브리핑한다.

"엄마, 나오시마에는 원래 금속 제련 회사가 있었대요. 그래서 나무도 다 죽고 황량했던 섬을 일본의 교육·출판 그룹인 베네세 홀딩스 전 회장 후쿠다케 소이치로가 사서 예술 섬으로 만든 거래요."

"너 고등학교 때 가족 여행으로 거제도에 갔다가 배 타고 들른 외도 같은 섬인가보다."

"음, 그거랑은 조금 다르긴 한데, 아무튼 안도 다다오 알죠? 노출 콘크리트로 작업하는 건축가. 그 사람이 건물을 하나하나 작업했대요. 거기에 다양한 예술가들의 작품이 어우러져서 섬 전체가 미술관이 된 거죠. 쿠사마 야요이도 알죠? 경복궁 쪽에 걸어가다 보면 미술관 안뜰에 있는 노란 호박 만든 할머니 작가 있잖아요. 그 사람의 호박도 두 개나 있대요."

"그걸 하루 만에 다 볼 수 있겠어? 너 욕심 부리다가 허리 안 낫는다!"

"쉬엄쉬엄 자전거 타고 둘러봐요. 되는 데까지만. 나중에 또 오면 되죠."

✳

"여기는 오르셰미술관이 생각난다. 거기도 기차역 통유리로 들어오는 햇빛으로 인상파 방 입구까지 환했잖아."

"맞아요. 이 건물 밖에서 보면 위로 난 창문만 보인대요. 텔레토비 동산같이 언덕만 있고, 건물은 몽땅 다 지하에 숨은 거예요. 땅속에 있어서 이름도 '지중地中'을 써서 지추미술관인 거고."

"건물은 전시 대피용 벙커 같은데, 어떻게 이런 생각을 했을까?"

"자연을 최대한 그대로 놔둔 게 좋아요. 안도 다다오는 '도시 게릴라'라는 단어를 쓰면서 도시 건축에 반기를 들고 자기만의 작업들을 도시 곳곳에 존재감 있게 알박기 했으면서, 자연 앞에

서는 참 겸손해지는 사람이네요."

"우리 아키타 여행 갔을 때, 현립 미술관도 안도 다다오 작품 이랬지?"

"맞아요. 기억하네요, 엄마."

"2층 카페에서 네가 한참이나 넋 놓고 앉아 있었잖아. 발코니 연못 바라보면서."

"그러니까요. 거기에 파란 하늘이랑 건너편 벚꽃 축제하던 풍경이 그대로 데칼코마니같이 담긴 게 예뻐서 그랬죠."

"여기는 아예 하늘을 그대로 뚫어 놨네."

"이건 제임스 터렐 작품이래요. 시시각각 바뀌는 하늘과 그림자가 작품이 되는 거죠. 하늘을 캔버스 삼은 게 거저먹기 같기도 하지만, 이 작품 감상을 위해서 미술관 야간 개장을 하는 때도 있대요."

클로드 모네, 월터 드 마리아, 제임스 터렐, 세 작가의 작품만을 위해 지어진 땅속 미술관. 조명 시스템이 자연 채광을 바탕으로 설계되어 날씨와 시간에 따라 분위기가 바뀐다. 엄마와 이 신기한 미술관에 대해 이야기를 나누다가, 모네의 그림이 있는 방에 도착했다. 슬리퍼를 갈아 신고 들어가다가 숨이 턱 막혀 엄마도 나도 아무 말 없이 그 자리에 한참을 서 있었다. 은은하게 퍼지는 햇빛, 부드러운 조약돌같이 깔린 흰 타일과 연못의 파장같이 공간을 채우는 먹먹한 소리, 모네의 정원과 맞춘 건가 싶을 정도로 따뜻한 온도와 습도까지. 오감으로 흰 벽을 채운 모네의 수련과 이야기하는 기분이 들었다. 관객에게도 큰 경험이 되겠지만 모네가 여기에 와 봤다면 눈물이 핑 돌지 않았을까. 드라마 《닥터 후》에서 시간 여행으로 오르세미술관에 온 반 고흐가 눈물을 흘리던 장면이 오버랩되었는지, 미소까지 지어가며 모네의 방에서 오래 머물렀다.

✽

지추미술관에서 나와 이우환미술관과 호텔 겸 미술관인 베네세하우스를 들렀다. 예상치 못한 언덕배기라 봄에 자전거를 타고 넘은 수많은 산들이 생각났지만, 오늘은 전기 자전거라는 치트키가 있다. 점심을 먹고 혼무라 지역으로 들어간다. 수백 년 된 주택들이 밀집해 있는 혼무라 지역의 건물을 예술 작품으로 만드는 '이에 프로젝트'를 보기 위해서이다. 한 주민이 가옥을 기증하면서 시작된 이 프로젝트는, 이제는 이곳을 예술과 삶이 뒤섞인 어디에도 없는 마을로 만들어 버렸다. 고즈넉한 마을을 걷다 보면 작은 팻말을 발견할 수 있다. 주민들의 삶을 방해하지 않는 짧은 오픈 시간과 최소한의 안내가 마음에 든다.

안도 뮤지엄을 들러 미야지마 다쓰오가 작업한 카도야에 들어갔다. 카도야는 모서리에 있는 집이라는 뜻. 1998년 베니스 비엔날레 출품작인 〈시간의 바다 98〉의 나오시마 버전이라고 했다. 다다미 대신 물이 채워진 집의 마룻바닥에는 LED 숫자판들이 정신없게 지나가고 있다.

"엄마, 이 숫자가 점멸하는 속도가 다 다른 게 마을 사람들이 직접 참여해서 자기가 원하는 속도로 세팅해서 그런 거래요. 각자 다르게 흐르는 삶과 세월을 표현한 거라고 하니까 좀 다르게

보이지 않아요?"

"예쁘긴 한데 오래 보니까 어지럽다, 야."

"참, 기억나요? 리움미술관 로비로 내려가는 나무 데크에서 현란하게 움직이는 숫자도 이 작가가 만든 거잖아요."

"너, 나 데리고 리움 간다고 몇 년 전부터 말해 놓고 아직도 안 갔거든?"

헉! 엄마와 세 번은 다녀온 것 같은데 다 누구랑 갔던 거지? 엄마와 먼 여행은 이렇게 떠나오는데 정작 서울에서는 서로 다른 시간을 산다. 가끔 떠나오는 여행에서 관계의 면죄부를 스스로 찾고 있는 건 아닐까. 게다가 엄마한테만 발현되는 면죄부도 아닌 것 같다. 평소에 잘

하자는 말이 그냥 있는 게 아닌가 보다. 엄마와 분명 이소식 수순을 밟아야겠지만, 그와 별개로 서울에서의 삶도 서로 조금은 공유해야 겠다는 생각이 든다. 약속을 가볍게 흘려버리지 말아야겠다는 다짐도 함께.

✳

자전거를 반납하기 전, 마지막으로 들른 곳은 미야노우라항 근처의 아이러브유(I♥湯). 내가 당신도 목욕탕(유湯)도 사랑한다는 언어유희가 재미있다. 이곳은 오타케 신로가 만든 목욕탕이자 예술 작품으로 실제로 공중목욕탕으로 운영되고 있다. 엄마와 타월 하나씩 사 들고 헤어졌다가 목욕하고 나와서 항구로 자전거를 끌고 걸어가는 길. 매끈매끈해진 엄마 볼에 석양이 비친다.

"나오시마에서 바르셀로나가 생각나네. 구엘공원이랑 여기 랑 비슷한 것 같아. 자연을 거스르지 않고 거기에 조화롭게 스며든 게."

"엄마, 나 몰래 건축 전공했어요?"

"네가 어렸을 때부터 가우디, 가우디 했잖아."

"맞아요. 안도 다다오가 쓴 여행기에서 가우디에 대해서 말한 부분이 있어요. 가우디가 합리적인 근대 건축과 안 친해 보였지만, 가우디만의 조형적인 건축이 가능했던 것은 전통 기술을 잘 이용했기 때문이래요."

"사그라다 파밀리아가 지어질 수 있었던 것도 그런 밑바탕이 있었기 때문이겠네.”

“맞아요. 안도 다다오도 가우디가 가지고 있는 ‘풍토’라는 단
어에 영향을 받았대요. 자기의 창조적 에너지의 시작이 가우디였
다나.”

“나도 인간이 자연을 거스르지 않았으면 좋겠어.”

“저도 그래요. 엄마, 그런데 우리 사그라다 파밀리아가 다 지
어지면 다시 가기로 했잖아요. 기술이 좋아져서 2026년이면 완
공될 거래요. 엄마 칠순 여행으로 가면 되겠다.”

“좋아. 그런데 이 섬도 다시 오고 싶다.”

엄마와 한 약속을 하나씩 내려놓으려 여행을 와서는 자꾸 또 다른
약속을 한다.

“오케이. 다음에는 배낭 내려놓고 캐리어 끌고 다시 와요. 베
네세하우스에서 아빠랑 호캉스 콜?”

“그런데 얼만데?”

“1인당 하룻밤에 50만 원부터?”

“으악!”

부엔 카미노, 오헨로상

가을 순례를 준비하던 9월 초에 영진에게 전화가 왔다. 각각 입사와 스튜디오 오픈 후 서로 바쁘게 지내느라 한참 연락이 뜸했던 내 고등학교 단짝 친구는 다짜고짜 우리 엄마 안부부터 묻는다. 순례 계획을 이야기했더니 전화를 끊기도 전에 그때에 맞춰 휴가를 내겠단다. 우리 엄마 배낭을 들어주러 와야겠다며. 심지어 엄마와 내가 항공권을 끊기도 전에 영진이 먼저 발권을 해 버렸다. 나는 영진을 말릴 수가 없다. 4년 전에도 그랬다. 엄마와 산티아고 순례길을 처음 떠났던 봄, 네덜란드에 교환 학생으로 머물던 영진이 배낭을 메고 스페인으로 찾아온 것이다. 30년 가까이 가족으로 산 나도 엄마와 여행하는 것이 어려운데, 자기 발로 친구 엄마와 걷겠다고 나선 내 친구를 이해할 수 없었다. 며칠을 엄마의 0.5배속 걸음걸이에 맞춰 셋이 걷다가 먼저 앞서겠다고 떠난 영진은, 며칠 후에 간 길을 거꾸로 돌아와 우리와 다시 만났다.

엄마와 여행을 할 때마다 곰살맞은 영진을 조금이라도 닮아 봐야겠다고 생각했지만 쉽사리 바뀌지 않았다. 생각해 보니 영진은 엄마한테만 그런 건 아니었다. 십여 년 전 고등학교 2학년 여름 방학식날, 유럽 여행을 떠나는 나에게 영진은 여행 중에 내 생일날 꼭 틀어 보라는 말과 함께 MP3 플레이어를 내밀었다. 그 안에는 아침, 점심, 저녁, 밤 폴더에 직접 고른 음악들이 가득했다. 영진의 음악과 함께한 유럽 여행은 지금까지도 한 편의 뮤지컬 영화같이 마음에 남아 있다. 그때의 리스트를 기억하느냐고 영진에게 메시지를 보냈더니 12년 전 선곡표 대신 이번 여행을 위한 믹스 테이프의 한 곡을 선공개하겠단다. 내가 졌다. 몽니의 〈나 지금 뛰어가고 있어〉. 제목만 봤는데도 시코쿠까지 단숨에 달려오겠다는 영진의 메시지를 잘 알겠다. 이어서 노래를 듣다가 우리 여행의 스페셜 게스트로, 또다시 영진을 두 팔 벌려 환영하기로 했다.

✳

걷다 보니 다카마쓰 시내에 들어섰다. 시골보다 도시 걷기가 훨씬 어렵다. 자동차도 신호등도 갈림길도 많아서 더 신경쓰며 걷느라 금방 지치게 된다. 83번 절 이치노미야지一宮寺까지 걷고 파김치가 된 저녁, 다카마쓰에 도착한 영진에게 연락이 와서 그가 묵는 호스텔로 향한다. 가방을 호텔에 내려놓고 나섰더니 몸이 가벼워서 걷다가 날아갈 것만 같다. 이곳은 내가 인터넷으로 보고 공간 구성이 재미있어 보

여 묵으려다가, 엄마에게는 아무래도 호텔이 나을 것 같아서 대신 영진에게 추천한 곳이다. 호스텔 1층에 주인장이 직접 운영하는 작은 바가 있다고 해서 거기서 같이 저녁을 먹기로 했다.

다카마쓰역에서 출발해 다카마쓰성을 둘러서 걸으면 얼마 걸리지 않아 폭이 좁은, 주황색 불빛이 새어 나오는 건물이 나온다. 문을 열고 들어가니 오픈한 지 한 달밖에 안 된 작은 호스텔에 있을 건 다 있다. 영진은 엄마를 보더니《TV는 사랑을 싣고》출연진급 리액션으로 인사를 한다. 진정시킬 겸 객실 사진을 좀 찍어다 달라고 하고 숨을 돌리는데, 금세 내려온다. 사진을 넘겨 보니 다음에는 이곳에 묵고 싶을 만큼 구석구석 정갈하고 예쁘다.

심지어 도미토리 룸 이름은 '고야산高野山'이다. 고야산은 시코쿠 88개 절을 다 돌고 나서 순례를 마무리하는 오사카 근처의 산중 도시로, 코보 대사의 유해가 묻혀 있어 템플스테이로 유명한 곳이기도 하다. 아직 고야산에 갈 계획은 없지만 반가운 마음에 주인장 고 씨에게 우리의 순례 이야기를 꺼냈더니, 밝은 그의 얼굴이 더 환해진다.

게다가 웃으며 그가 건네준 메뉴판에는 애순이 아줌마와 영진, 엄마와 같이 스페인에서 먹던 빠에야와 타파스가 있다. 우리 셋이 산티아고 순례를 같이한 사이라고, 길 위에서 매일 먹던 메뉴라서 반가워서 주문한다고 했더니 표정이 바뀐다. 주인장도 작년에 산티아고 순례를 하고 왔단다. 산티아고의 콰트로 리(영진, 애순이 아줌마, 엄마의 성이 모두 이씨이고, 나는 엄마의 아들이라서 이씨 네 명이라고 붙인 그룹 이름) 리유니언 식사로 안성맞춤인 곳이었던 것. 근사한 음식에 와인을 곁들이고 순례 이야기를 하다 보니 여기가 다카마쓰인지 스페인의 로그로뇨인지 헷갈리기 시작한다. 마이애미에 있는 애

순이 아줌마한테도 우리의 상봉 소식과 서니데이 호스텔 이야기를
사진과 함께 전한다.

　오랜만에 모두 거나하게 취했다. 고요한 시코쿠 순례길에서 잠시
봉인되었던 우리의 왁자지껄 순례자 모드가 부활했다. 스페인어와
일본어, 영어가 섞이고, 일본인과 한국인이 섞이고, 가톨릭과 불교가
섞였다. 일본 맥주와 스페인 타파스도 섞였구나. 그런 분류조차 무의
미하던 밤. 당장 내일 아침부터 다시 배낭을 짊어지고 걸어야 하는 건
잠시 잊고 실컷 마셨다. 게스트들이 잠들 시간, 아쉬운 마음으로 영진
과 주인장 고 씨와 헤어지며 무국적 인사를 나눈다.

　　"부엔 카미노, 오헨로상!Buen camino, お遍路さん!"(좋은 길 가세
　요, 순례자 님!)
　　"아리가토 고자이마스. 아스타 루에고!ありがとうございます. Hasta
　luego!"(감사합니다. 다음에 만나요!)

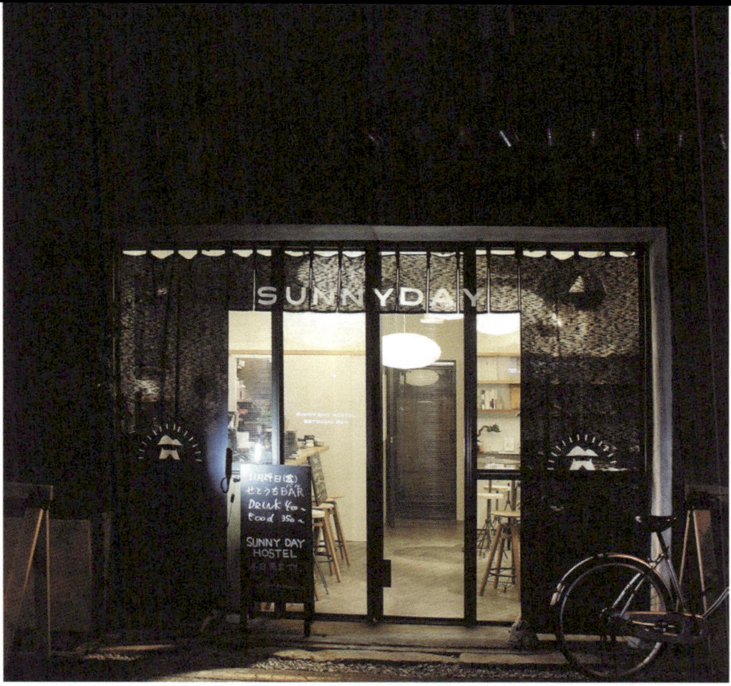
SUNNYDAY
SUNNY DAY
HOSTEL

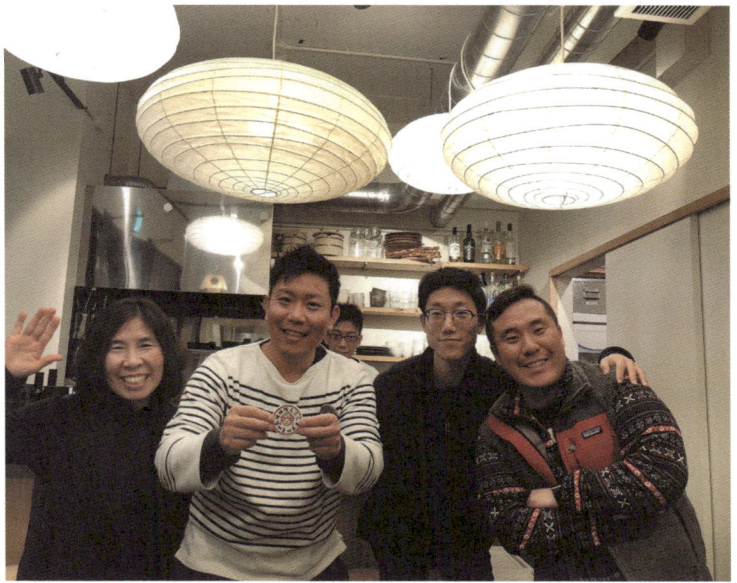

엉터리 통역사

다카마쓰 도심에서 바닷가 쪽으로 고개를 돌리면 난지도 노을공원 같은 모양새로 높이 솟은 야시마섬이 보인다. 오늘의 첫 목적지는 야시마섬 산꼭대기에 있는 84번 절 야시마지屋島寺. 서울에서 시코쿠로 올 때마다 다카마쓰 공항을 이용했기 때문에 이 도시를 걷는 것도 벌써 네 번째다. 하지만 순례자 모드로는 처음이라 그런지 어색하기 짝이 없다. 수트 차림으로 분주하게 걷는 출근길 직장인들 사이에서 삿갓을 쓰고 길을 찾고 있자니, 주인공들이 문화도 언어도 시대도 다른 엉뚱한 도시에 떨어져서 고군분투하는 타임 리프 드라마의 오프닝 시퀀스 같기도 하다. 게다가 영진과 성터 앞에서 만났는데, 영진만 삿갓이 없으니 드라마에 감초로 등장하는 그 도시 출신의 조력자 같은 느낌이 물씬 풍긴다.

　선선한 바람이 불어 걷기에 딱 좋은 날이다. 도심을 살짝 벗어나 출
근길 직장인 무리가 사라지자, 어색하던 걸음걸이도 조금 당차졌다.
게다가 우리 모자와 대비하여 기본 경쾌 지수가 50은 높은 출장 셰르
파 영진의 진가가 유독 더 발휘되는 오전 시간. 영진의 에너지에 맞춰
셋이 수다 떨며 걸었더니 한 시간 남짓 거리인 야시마산 입구가 금방
나타났다. 도심과 가까워서 그런지 배낭 없이 조깅 복장으로 산을 오
르는 이들이 많다. 도쿄나 시애틀같이 전망대에 올라가도 산 하나 없
는 평지 도시에 머물 때면 남산, 북한산, 관악산, 심지어 언덕인지 산
인지 모를 우리 집 뒷산까지도 그리운 적이 있었는데, 바닷가의 얕은
산을 뜀박질하는 사람들을 보면서 산의 소중함을 다시 생각한다. 한
강의 러닝 크루들 뒤를 따라 달리는 것처럼 등산객들의 템포에 맞춰

산을 오르니 마음도 가볍다.

　야시마지에 도착해 손을 씻으면서 영진에게 참배 순서를 알려 준다. 절을 돌아보고 나오는 길에 내 납경장에 글씨를 받아 보라며 영진에게 건넸다. 나는 그 모습을 사진으로 담으려고 통유리로 된 납경소 밖으로 나와 엄마와 영진을 바라보다가, 우리의 순례 모습이 이랬겠구나 싶어 웃음이 나왔다. 여전히 엄마에게 살가운 영진이 고맙기만 하다.

　절에서 나와 전망대로 향하는데 뜬금없이 숲속에 안내소가 있다. 입구에 서서 고개만 넣고 안을 둘러보니, 기름 난롯가에 앉은 푸근한 인상의 할머니가 차 한 잔 하고 가라며 우리에게 손짓했다. 걸어야 하는 거리가 길어 마음이 바쁜 하루였지만 그녀의 밝은 표정에 못 이겨 안내소 안으로 들어갔다. 한국에서 왔다고 하자 태블릿을 꺼내더니 거기에 대고 말을 하기 시작하는 할머니. 외국인 관광객과 소통할 수 있도록 정부에서 자원봉사자들에게 나눠준 것이라 했다. 사실 일본어로도 크게 어렵지 않은 이야기여서 엄마와 알아듣고 영진에게 우리말로 전해 주고 있는데, 번역 프로그램이 내보이는 결과물은 꽤나 얼토당토않았다. '여러분, 감각 쪽입니까? 감각의 형으로 짓더라도 한국에 3개국에 의한 한국 쪽에 말 노래의 감각이라면 다음은 해마다로 토라지지 않는다.'와 같은 오역된 문장을 읽다가 다 같이 웃음보가 터졌다. 빠르고 사투리 짙은 할머니의 말을 기계가 100퍼센트 이해해 줄 리가 없었다. 우리가 내는 웃음소리는 다시 태블릿을 통해 이상하게 타이핑됐고, 기계는 더 이상한 번역을 뱉어 냈다. 배꼽이 다섯 번쯤 빠질 때까지 웃다가 할머니가 번역기 프로그램을 꺼 버렸다.

85번 절로 가는 지름길을 가르쳐 준다며 우리를 따라나서서 한참을 같이 걷는 그녀를 보며 엄마는 문득 외할머니가 떠오른다고 했다. 사소한 일에도 박장대소하던 외할머니의 웃음이 그녀와 닮은 것 같기도 하다. 주위의 모든 일에 관심을 가지고 애정을 담아 사람들을 대하던 여장부 외할머니가, 우리를 배웅하던 그녀의 웃음소리와 함께 다시 돌아온 기분이었다. 엄마한테 말은 안 했지만, 사실 나는 큰이모도 떠올랐다. 교직에서 은퇴한 후에 웃음 치료를 배운 큰이모의 말이 생각났던 것이다. '웃으면 복이 온대. 큰소리로 복식 호흡하듯이 하! 하! 하고 웃어 봐.'

분명 나는 앞으로도 힘들 때 억지웃음을 짓지 못하는 사람일 테다. 하지만 오늘 산꼭대기에서 실컷 웃고 나니, 언젠가 오늘의 웃음소리를 떠올릴 수는 있겠다. 외할머니와 큰이모와 엄마, 그리고 야시마지의 엉터리 통역사 할머니의 호방한 웃음소리와 함께라면 축 처진 어깨에 힘이 빡 들어갈 게 분명하다.

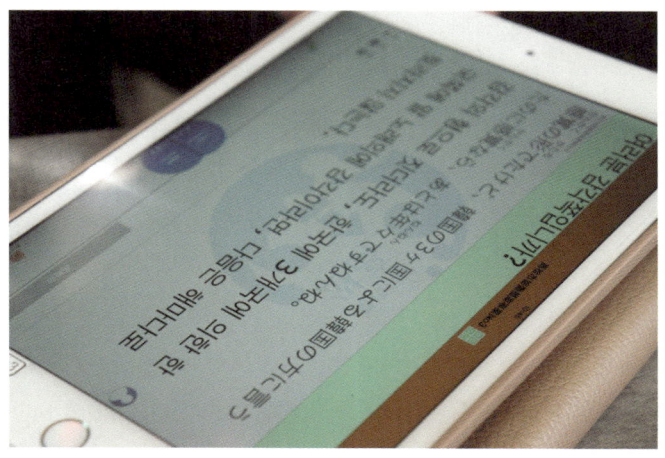

가을날의 카가와 10

도쿄발 오셋타이

82번 절 네고로지 계단에서 구르고 드러누워 있던 밤, 도쿄에서 아마추어 오케스트라를 하면서 알게 된 클라리넷 파트의 료헤이 씨에게서 연락이 왔다. 어디쯤 걷고 있느냐고 안부를 물으면서 자기도 주말에 다카마쓰에 온다는 소식을 함께 전했다. 이전에 오케스트라 연습 뒤풀이 자리에서 주말에 시간이 날 때마다 일본의 작은 섬 한두 개씩을 여행한다는 이야기를 들었는데, 이번에는 다카마쓰 근처의 작은 섬 메기지마가 종착지란다. 우리가 고양이 섬 오기지마에 갈 때 잠깐 정박했던 그 도깨비 섬이다. 걷다가 시간과 위치가 맞으면 응원차 잠시 얼굴이라도 보자는 그에게, 내일 걸을 수 있을지 없을지 모르는 상황의 내가 할 수 있는 건 "마음만으로도 고맙다."는 말뿐이었다.

84번 절 야시마지에서 건너편에 보이는, 고켄산 꼭대기의 85번 절 야쿠리지八栗寺까지는 산 중턱부터 케이블카가 설치되어 있다. 산을 두 개나 넘어야 하는 날이지만 걱정이 조금은 덜해진다. 케이블카 매표소까지만 열심히 걷기로 마음먹고 산을 내려가는데 료헤이 씨에게서 다시 메시지가 도착했다. 메기지마에 가기 전에 잠깐 시간이 남는데, 어디쯤 걷고 있느냐는 내용이었다. 84번 절이라고 했더니 다카마쓰 도심과 멀지 않으니 이쪽으로 와서 점심을 같이 먹자고 했다. 케이블카 매표소 근처에 우동 맛집이 있으니 거기서 만나자는 그를 더 이상 말릴 수가 없었다. 다리가 조금 불편한 그가 산으로 오는 게 걱정됐지만, 택시를 타고 온다는 이야기에 그렇게 하기로 했다.

하지만 우리 다리 길이가 짧았는지, 예상했던 시간보다 한참 늦게 식당에 도착했다. 우리 때문에 배를 놓치는 것 아니냐고 걱정하면서 엄마와 영진, 료헤이 씨를 서로에게 인사시켰다. 운치 있는 정원이 있는 우동집은 유명세 때문인지 사람이 가득이다. 사바스시와 튀김, 우동이 함께 나오는 세트를 주문하고 나서 이야기를 하는데, 료헤이 씨 부모님이 한국 출신이란다. 조금 놀랐다.

"해마다 어머니와 같이 한국에 가요. 익산에 성묘를 하러 가거든요. 말은 안 통하지만 친척들과 만나서 밥도 같이 먹고요."

"진짜 몰랐네요. 그리고 성묘라는 단어를 아는 것도 재미있어요. 다음에 어머니와 서울 오시면 같이 밥 먹어요."

"그래요. 익산이랑 '태전'에도 가끔 가요."

"잠깐만요. '태전'이 대전이에요? 서울과 부산 중간에 있는 도시요?"

"맞아요. 어머니가 대전에 있는 여자 고등학교를 다니셨는

데, 체육 특기생이었대요. 얼마 전에 어머니와 대전 여행을 했는데 그때 학교에 가서 찍은 사진이 있어요."

그가 핸드폰을 뒤적여 찾아낸 여고 정문 사진을 보던 엄마가 웃으며 *"센빠이!"*(선배)라고 외친다. 료헤이 씨 어머니가 엄마의 고등학교 선배란다. 심지어 큰이모와 료헤이 씨 어머니는 동기일 거라면서 웃는다.

　　"내가 학교 다닐 때에는 체육 특기생들만 머리를 기르고 다니던 게 기억나요. 일반 학생들은 가까이 갈 수 없는 그 친구들만의 분위기가 있었죠. 우리 언니 졸업 앨범에서 료헤이 씨 어머니도 찾을 수 있겠네요."
　　"우리 어머니는 일본에 오기 전까지 체조를 했어요. 1964년 도쿄올림픽에 한국 국가대표 체조 예비 선수로 참가했었죠. 지금은 일본에서 골프 강사를 하고 계세요."

"어머니 정말 멋지시다."는 엄마의 말에 료헤이 씨도 순례하는 우리 엄마가 대단하다며 웃었다. 상상도 못한 인연에 신기해하다가 "이면 곳에서도 학연, 지연이 작용하는 게 이거 적폐 아니냐."며 너스레를 떠는 영진 때문에 다시 한번 웃었다. 세상 정말 좁으니 잘 살아야 된다는 진부한 이야기도 오늘만은 어색하지가 않다. 이야기하느라 우동 면발이 불어 버린 게 아쉬워서 우동 버스를 타고 다시 와야겠다며 나오는데, 료헤이 씨가 이미 계산을 했단다. 오셋타이 대신 내는 한 턱이라고 했다. 마지막 며칠도 힘내라는 이야기와 함께. 영진은 순

례 첫날 거한 환대를 받았다며 기뻐한다.

료헤이 씨가 택시를 타고 선착장으로 떠난 뒤, 케이블카를 타고 도착한 야쿠리지에서 그들 모자의 건강을 빌었다. 다시 86번 절 시도지志度寺까지 걷는 길. 다리에 힘이 좀 빠지고 풍경이 지루해지려는 찰나 영진이 봉지를 흔든다. 아까 료헤이 씨가 전해 주고 간 거다. 봉지를 열었더니 도라야키 세 개가 들어 있었다. 납작하게 반죽을 굽고 반죽과 반죽 사이에 팥소를 넣어 만드는 일본식 단팥빵이다. 근처 편의점에서 우유를 사서 길바닥에 앉아 먹기 시작하는데, 키키 키린 주연의 영화 《앙》이 생각난다. 도라야키 집에서 일하는 할머니 아르바이트생 키키 키린의 얼굴에서 우리 외할머니와 오늘 84번 절에서 만난 안내 자원봉사자 할머니 얼굴로, 다시 얼굴도 모르는 료헤이 씨 어머니의 얼굴로 상상이 이어진다. 길에서 먹는 차갑게 식은 도라야키가 어느새 할머니가 만들어 준 듯한 따뜻한 온기를 품는다.

두 발로 이 길을 같이 걷는 영진, 마음으로 같이 걸어 주고 있는 료헤이 씨, 그리고 응원해 주는 많은 사람들……. 그런 마음들이 함께 걷고 있다는 생각에서였을까? 아니면 달달한 도라야키의 마법 때문일까? 영진은 춤을 추고 엄마는 노래를 부르며 걷는다. 춤이라면 질색이던 나도 맨 뒤에서 아무도 안 보겠다 싶어 허리 아픈 것도 잊은 채 어깨를 들썩거리며 걷는데, 까마득하던 86번 절이 저 멀리 보인다.

다시, 함께 걷는다는 것

순례자의 하루는 길고, 가을이 짙은 시코쿠의 해는 짧다. 해가 떨어지고 나서도 어둠 속을 한참 걸어 민박집에 도착했다. 셋이 각자 다른 다다미방에 짐을 푼다.

하루를 돌아보니 다카마쓰의 출근 인파 속에서 걷기 시작해 84번과 85번 절이 있는 산 두 개를 올랐고, 도쿄에서 온 료헤이 씨와 밥도 먹었다. 거리상 86번 절 근처에 묵어야 하지만 무리해서 87번 절 나가오지長尾寺 바로 앞의 민박집을 예약한 데에는 이유가 있었다. 하나는 음식이 맛있다는 리뷰 때문이었고, 그 전에 더 중요한 이유는 영진 때문이었다. 원래는 영진과 다카마쓰 시내 주위의 81번에서 85번 절 구간을 함께 걸을 예정이었지만, 내가 계단에서 구른 후에 기차로 몇 구간을 이동해서 일정이 하루이틀 당겨진 것이다. 모레 새벽 한국으로 돌아가는 비행기를 타려면 영진은 내일 늦은 오후에는 다카마쓰로 돌아가야 한다. 87번 절이나 조금 더 가서 있는 '순례자 교류 살롱'에서 헤어질 참이었지만, 그래도 이왕이면 마지막 88번 절을 같이 보자는 마음에 무리해서 이 늦은 시간까지 걷게 된 것이다. 셋 다 파김치가 되었지만 저녁 식사에 반찬으로 나온 바삭한 전갱이 튀김을 한 입 베어 물었더니 언제 피곤했냐는 듯 화색이 돈다.

의도한 것은 아니었지만 결과적으로 영진과는 산티아고 순례의 시작과 시코쿠 순례의 끝을 같이 하게 됐다. 영진은 우스갯소리로 내가 쓰는 모든 책에 등장하는 것이 자신의 인생 목표라고 말하곤 했는데, 감동과 아쉬움의 눈물을 흘려야 할 것 같은 마지막 날에 친구가 동행한다는 건 뭔가 이상한 기분이 든다. 나는 친구들을 떠나보내고 엄마와 둘이서만 마지막 절을 향해 걷는 장면을 상상해 왔던 걸까. 하지만 생각해 보니 청승은 한 번으로 족하다. 산티아고 대성당이 내려다보이던 몬테 도 고소Monte do Gozo에서 콤포스텔라 시내로 내려가면서 엄마와 성가를 부르며 울고 짠 것도 두 번 할 일은 아니다.

엄마 방에 셋이 모였다. 다다미에 지도를 펼치고 맥주 한 캔씩 까놓고 내일 루트를 찾아보다가, 지금 우리에게 필요한 건 감동과 청승이 아니라 유쾌하고 가벼운 마음일지도 모른다는 생각이 들었다. 그리고 엄마와 나의 서른 해 독점적 모자 관계를 좀 정리하라는 뜻 같기도 하다. 우리는 언제까지 애틋해야 할까. 언제까지 서로에게 100퍼센트여야 할까. 서로 좀 가벼워져도 된다는 메시지라고 생각하기로 했다. 그리고 역시 술은 둘보다 셋일 때 더 맛있기도 하고.

✳

아침부터 어째 하늘이 꾸물거린다. 마지막 날에 비를 맞으며 걷기는 싫은데. 한 시간쯤 걸으니 댐과 함께 호젓한 저수지가 나타난다. 물가를 따라 걷다 보니 곧 순례자 교류 살롱이 보인다. 순례자들이 88번 절을 오르기 전에 마지막으로 마음을 가다듬고 정리할 수 있는 곳이다. 자원봉사자 할아버지가 반갑게 우리를 맞아 주신다. 긴 마라톤의 마지막 구간에서 이온 음료를 건네는 스태프 같은 느낌으로 차 한 잔과 과자를 내어 주더니 서류를 꺼내신다. 1번 절부터 여기까지 도보나 자전거로 순례해서 결원을 앞둔 순례자들에게 '오헨로 대사 임명장'을 발행하는 것이다.

이름을 적었더니 금방 내 한자 이름과 오늘 날짜가 적힌 증명서를 프린트해서 선물과 함께 주신다. '동행이인同行二人'이 적힌 배지, 그리고 시코쿠 여든여덟 개의 절이 그려진 트럼프 카드다. 삿갓도 없이 구경만 하던 영진에게도 '친구의 마지막 여정을 도와주러 온 친구'를 위한 선물이라며 트럼프 카드를 하나 꺼내 주시는 그 마음이 참 고맙다. 일어서려는데 88번 절까지 가는 산길이 헤매기 쉽다면서 사진으로 설명해 주신단다. 눈앞에 펼쳐진 자료는 디지털 카메라가 나오기도 전에 필름 카메라로 갈림길마다 찍어 놓은 오래된 사진들이다. 길이 그사이에 바뀌지는 않았을까 걱정이 되다가도, 그의 친절한 설명을 들으니 조금 안심이 된다.

순례자 교류 살롱 옆 박물관에는 시코쿠 순례 관련 자료들이 전시되어 있었다. 하도 도장을 많이 찍어서 새빨개진, 300번 결원을 한 할아버지의 납경장이 인상 깊다. 일본인은 현별로, 외국인은 나라별로 납찰 종이를 써서 수거함에 넣는다. 이걸로 순례자 통계를 내는 것이다. 산티아고 순례길은 일 년에 한국인 순례자가 몇천 명이나 증서를 받는데, 시코쿠에서는 작년에 한국인이 스무 명 남짓 결원을 했다고 한다. 그러고 보니 네 계절 동안 공항을 제외하고서는 길 위에서 한국인 순례자를 만난 적이 없다. 그런 차이도 채 느끼지 못한 채 여행의 끝이 가까워진다. 다른 누군가가 아닌 오롯이 엄마와 나에게 집중했던 소중한 시간이라는 생각이 들어, 괜히 기분이 좋아진다.

밖으로 나왔더니 마당이 시끌벅적하다. 동네 부녀회에서 주최한 마을 행사가 열리고 있다. 순례자 교류 살롱에 들어갈 때 무언가 준비하는 걸 봤는데, 그사이에 사람들이 엄청 모였다. 강가에서는 아이들과 엄마들이 함께 꽃을 심고 있고, 건물 앞에서는 사회자가 행사를 진행하고 있다. 가 봤더니 빙고 게임이 한창이다. 우리에게도 해 보라며 빙고 종이를 건네준다. 숫자 빙고라 어렵지 않다. 숫자를 몇 개 부르지도 않은 것 같은데 엄마가 빙고를 외친다. 삿갓을 쓴 순례자는 우리밖에 없어서인지 사람들도 자기 일같이 기뻐하며 박수를 쳐 준다. 엄마는 경품으로 받은 작은 과자 한 봉지를 들고, 이 길의 마지막 오셋타이일 거라며 신이 났다.

이제 드디어 마지막 절을 향해 발길을 뗀다. 셋이 함께 오랜만에 다시 축제의 마음으로!

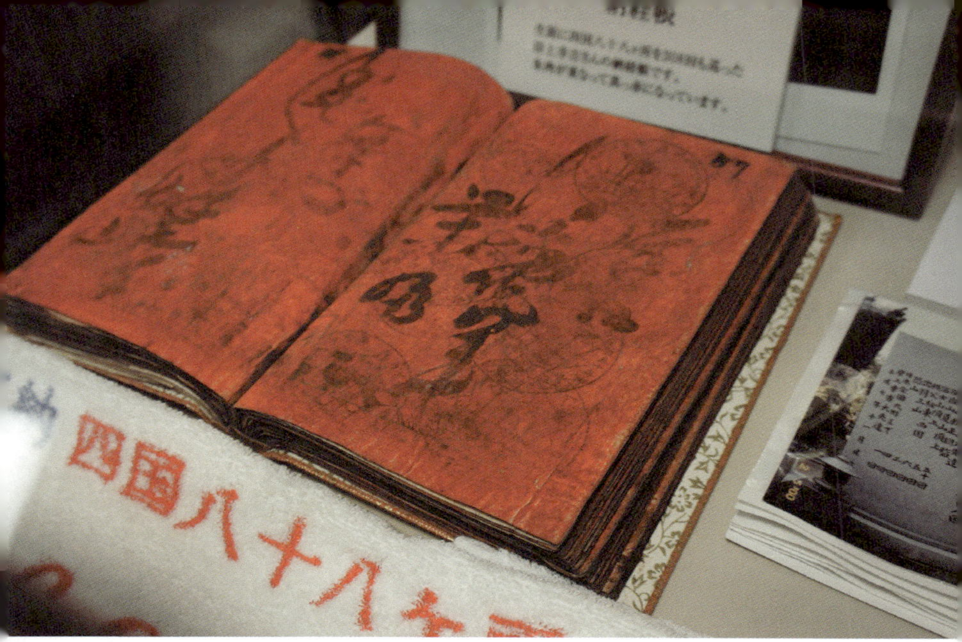
四国八十八

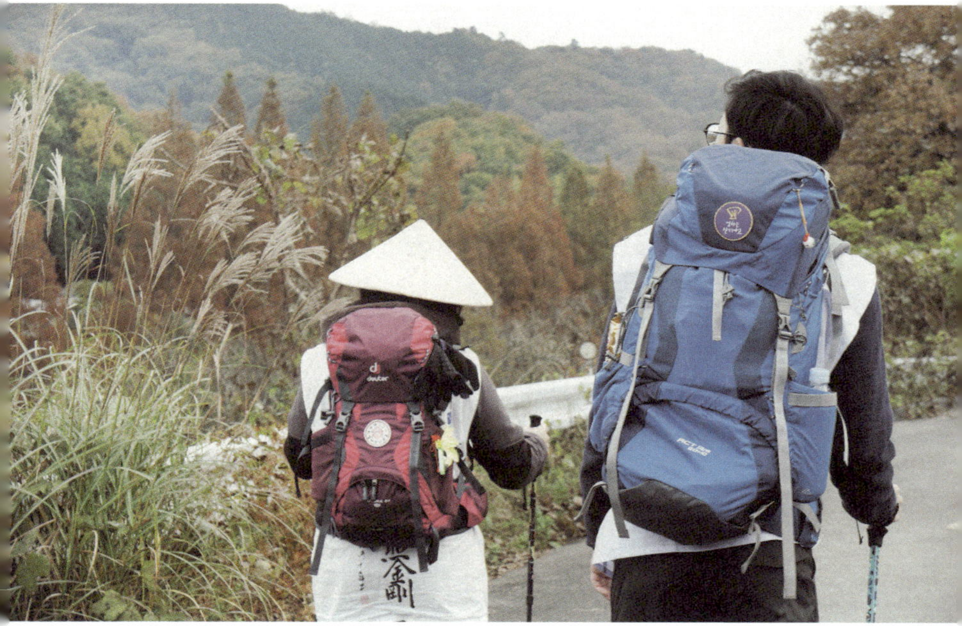
deuter

부르노의 커피

88번 절 오쿠보지大窪寺까지 산 하나가 남았다. 해발 774미터 높이의 뇨타이산女体山 초입에 들어선다. 완만하게 천천히 올라가면 좋겠는데, 마을을 벗어나서도 평지가 이어진다. 한참을 더 가서야 시작된 오르막길은 쉽지가 않다. 자주 다니던 관악산보다 조금 높은 거라며 호기롭게 오르기 시작했지만, 떨어진 낙엽이 쌓인 길에서 발걸음을 조심조심 내딛다 보니 평소보다 속도가 훨씬 느리다. 등산 스틱을 짚을 때마다 바닥의 낙엽들이 꼬치 요리같이 꽂히는 게 재밌어서 낙엽 컬렉터라며 웃다가도, 계속되는 오르막에 셋 다 말수가 적어졌다. 한참을 조용히 걷기만 하던 엄마가 입을 뗀다.

"우리, 물 좀 마시고 갈까?"

엄마는 등산할 때 힘들다는 말 대신 목마르다는 말을 한다. 그럼 그 때가 쉴 타이밍. 물 마시는 김에 편의점에서 사 온 빵과 엄마가 빙고 게임에서 받은 과자를 꺼냈다. 그때 뒤에서 인기척이 났다. 며칠 전 78번 절 고쇼지에서 마주친 적이 있는, 뉴칼레도니아에서 온 부르노 다. 그의 등에 달린, 배낭이라고 말할 수 없는 거대한 짐에는 우산과 스케이트보드, 스테인리스 컵과 운동화, 수건 등 온갖 잡동사니들이 매달려 있다. 그래서 그가 걸을 때면 달그락거리는 효과음까지 지원 되는 '하울의 움직이는 성' 모양새가 된다. 조금 전에 순례자 교류 살 롱에서도 그와 기념사진을 찍으려는 자원봉사자 아주머니들에 둘러 싸여 있던 부르노가 오늘 살롱을 떠날 수나 있을지 걱정했는데 금세 우리를 따라잡은 것이다.

우리가 먹던 간식을 조금 덜어 줬더니 고맙다며 입에 넣고는 먼저 출발해 버린다. 우리보다 몇 배나 무거운 짐을 지고도 흥얼흥얼 걸어 가는 그가 이 세상 사람일까 생각하다가, 우리도 뭐에 홀린 듯 다시 배낭을 메고 그의 뒤를 따라 걷기 시작했다. 하지만 달그락거리는 효 과음은 숲에 묻혀 금방 사라져 버리고 말았다.

곧 비가 올 것 같다. 영진을 다카마쓰로 돌아가는 마지막 버스에 태 워 보내려면 조금은 서둘러야 한다. 기온이 낮은데 계속 걸었더니 내 짧은 머리에 땀인지 이슬인지 모를 물방울들이 맺혀 머리가 센 것처 럼 하얗다. 말은 안 하지만 셋 다 조급해서일까 다른 때보다 더 금방 지쳐 버렸다. 결원으로 향하는 마지막 길이 쉬워도 이상하겠지만, 오 늘은 너무 힘들다.

한참을 더 걸어 숨을 헐떡이며 뇨타이산 정상에 도착했는데, 가파

른 바위 위에 부르노가 신선같이 서 있다. 짐을 싸다가 우리를 발견하고는 여기 와서 앉으란다.

　　"커피 내려 마시고 출발하려던 중이야. 조금만 기다려 봐. 커피 만들어 줄게."
　　"커피를 여기서 어떻게 만들어?"
　　"쉬워!"

　뭐가 쉽다는 건가. 고개를 갸우뚱했는데 부르노가 가방에서 꼬질 꼬질한 버너와 작은 모카 포트를 꺼내 불을 붙인다. 모카 포트가 나오는 가방이라니. 이제는 그가 사차원 주머니를 달고 사는 도라에몽 같아 보인다. 물이 끓기를 기다리는데, 부르노가 다시 등을 돌려 산 아래를 내려다본다. 그제야 눈앞에 펼쳐진 절경을 인지했다. 단풍이 들고 있는 첩첩이 쌓인 산세가 숨이 막히게 아름답다. 부르노가 불러 세우지 않았다면 우리는 분명 이 장면을 놓치고 말았을 거다.
　이 산만 내려가면 1200킬로미터 긴 순례의 종착지에 도착한다. 마라톤으로 치면 42킬로미터 지점쯤 되겠다. 이건 그러니까 결승점을 코앞에 두고 돗자리 펴고 태닝이라도 하는 모양새이다. 오늘 오쿠보지에 머무르지 않고 더 걸어갈 거라는 부르노의 계획을 생각하면 지금 여기서 여유 부릴 때가 아닌데, 그에게는 이 풍경을 누리는 것이 밤새 고생해서 걸을 것을 염두에 두고도 더 중요한 일인 것이다.
　목표가 아닌 과정을 즐기는 그에게 배운다. 우리는 순례 증서를 받으려고 걷고 있던 걸까, 아니면 이 믿기지 않는 풍경을 즐기려고 이곳에 온 것일까. 그리고 순례 이전에 나는 목표만 바라보고 살고 있지는 않았나. 보석같이 나타나는 눈앞의 순간과 사람을 나는 목표만 좇다가 놓치지는 않았을까. 젖은 공기 중으로 은은히 퍼지는 커피 향에 조급한 마음을 내려놓고 생각에 잠긴다.

얼마 지나지 않아 부르노가 커피를 담은 꼬질꼬질한 컵을 내밀었다. 컵이 하도 뜨거워서 입에 댈 수도 없다. 차에 이파리 하나 띄우는 것과 같이, 이 열전도율 높은 컵도 그런 용도일 거라는 생각이 들었다. 느긋하게 이 시간을 누리라는 부르노의 깊은 뜻이 담겼을 거라는 합리적 의심마저 든다. 조금 기다렸다가 호호 불면서 조심스럽게 커피 한 모금을 마시니 세상을 다 가진 기분이다. 한 잔을 가지고 셋이 돌아가면서 마시는데, 평소 같았으면 감탄사를 남용했을 엄마도 커피와 함께 감탄사까지 마셔 버린다. 죽기 전에 다시 떠오르는 맛이 있다면, 분명 지금 마시고 있는 커피 한 잔의 맛일 거다.

가을날의 카가와 13

둥글게 둥글게

엄마와 단둘이 산에 남았다. 영진은 서울로, 브루노는 비 오는 숲속으로 떠나고, 우리는 88번 절 앞 민박집에 짐을 풀었다. 계속 둘이 걷다가 잠깐 여럿이 되었던 것인데도 그들의 빈자리가 느껴진다. 적막한 숙소 창밖으로 빗소리만 들린다.

몇 시간 전. 넷이서 마지막 납경을 받고 나서 헤어지려는 찰나, 엄마가 88년생들에게 88번 절에서 결원을 축하하는 의미로 쏜다며 절앞 우동집으로 우리를 데리고 들어갔다. 세상의 모든 짐을 짊어진 것같던 브루노도 우동을 먹으면서 보니 영락없는 우리 동갑 친구다. 비에 젖어 움츠러든 몸이 풀린다. 긴 행군을 마친 동지들같이 정이 들었는지, 넷이서 헤어지는 데에 꽤 시간이 걸렸다.

아침 일찍 엄마와 다시 88번 절을 찾았다. 어제 내리던 비는 온데 간데없고 구름 한 점 없이 맑다. 그사이 단풍이 더 선명해 보인다. 어제의 무채색 하늘 때문이었는지, 아니면 사진 찍고 헤어지느라 정신이 없어 못 본 것인지 생경한 88번 절 구석구석을 다시 둘러본다. 오쿠보지 본당 안에는 단체로 결원을 한 사람들의 액자가 걸려 있고, 밖에는 유리 봉납대 안에 사람들이 바친 지팡이가 빼곡하다. 하지만 다른 절에 비해 크게 유별나지는 않다. 결원 증명서를 발급받고 사진을 남기는 순례자들도 환호보다는 옅은 미소에 가까운 표정을 짓고 있다. 마지막 절이라는 중요한 의미를 가진 이 공간이든, 이곳에 도착한 순례자들이든 유난을 떨 법도 한데 우리가 지나온 87개 사찰과 다를 바 없이 차분한 온도의 아침이 된다.

　눈 쌓인 겨울에 순례를 시작해서 계절은 네 번이 바뀌어 한 바퀴를 돌았고, 우리는 네 개의 현을 지났다. 오늘은 우리의 한 바퀴를 채우기 위해 다시 1번 절로 돌아간다. 88번 절까지 도착하면 결원을 하는 것이지만, 1번 절로 돌아가서 순례를 마무리 짓는 사람들이 많다. 1번 절에 도착하면, 내 발걸음이 시코쿠섬 크기의 원을 그리게 되는 것이다. 그래서 우리는 두근거리는 마음으로 다시 1번 절이 있는 반도역으로 간다. 처음 순례를 시작했던 겨울날과 같이.

　"산티아고 대성당 앞에 도착했을 때는 아주 큰 꿈을 이룬 기분에 감격스러웠는데, 여기서는 마음이 잔잔하네. 다시 순례를 시작하는 사람처럼 이어서 걸을 수 있을 것 같아."

"그러고 보니 이 길은 멈추지 않으면 끝없이 걷게 되네요. 윤회 사상도 둥그렇게 계속 돈다는 뜻 아니에요?"

"맞아. 윤회는 원래 끝없이 무언가를 반복하는 거지. 불교에서는 깨달음의 경지에 오른 사람만이 윤회라는 수레바퀴를 멈출 수 있대."

"순례자 교류 살롱의 박물관에서 본 납경장 있잖아요. 수백 바퀴를 돌면서 계속 같은 자리에 도장을 받아서 새빨개진 거요. 그 납경장 주인은 아직도 깨달음을 얻지 못한 걸까?"

"으이구!"

"엄마, 그러지 말고 우리는 얼렁뚱땅 열반의 도장 카가와에서 깨달음을 얻었다고 쳐요. 여기서 수레바퀴를 멈추는 걸로, 땅땅땅!"

＊

다시 1번 절에 도착했다. 엄마와 마네킹 앞에서 지난겨울과 같은 포즈로 사진을 찍는다. 산티아고 순례를 마치고 100킬로미터를 더 지나, 길이 바다와 만나는 지점인 피니스테레에 도착했을 때 같은 감동은 없다. 네 계절 전, 이 절에 처음 들렀을 때보다 단지 여유가 조금 생겼을 뿐이다. 경내 사진을 찍다 돌아보니, 엄마는 신참 순례자에게 여유로운 표정으로 길을 가르쳐 주고 있다.

생각해 보니 목적지를 향해 달리던 나는 이곳에 없었다. 커다란 원형 트랙 위에서 걷다 보면 언젠가는 도착하겠지, 라는 마음으로 걸었다. 눈에는 보이지 않는, 수백 년 동안 수많은 사람들의 발자국으로 만들어진 커다란 원이 보호막같이 든든해서였을까. 맘 편히 순례 중간중간 원을 벗어나 놀러 나가기도 했고, 순서를 뒤죽박죽 바꿔 거꾸로 걷기도 했다.

결국 이 길이 나에게 선물해 준 건 엄마와의 소중한 추억과 둥근 마음이 아닐까 생각한다. 깨달음의 경지에 오르지 못해 계속 자기만의 트랙 위에서 돌고 돌지라도 둥근 마음으로 한번 살아 보라고, 이 길이 우리에게 말해 줬다. 조급해 할 필요도, 삐죽빼죽 모날 필요도 없이 주위를 살피면서 놀멍놀멍 느긋하게.

엄마와 둥근 마음 이야기를 하다가 나는 '둥글게 모여 앉아'로 시작하는 이상은의 〈둥글게〉를, 엄마는 동요 〈둥글게 둥글게〉를 떠올렸다. 작은 빗방울이 세상을 푸르게 하고 부드러운 것이 세상을 강하게 한다는 〈둥글게〉의 가사가 오늘과 제법 잘 어울린다. 하지만 이 여행

의 엔딩송으로는 뜬금없지만 〈둥글게 둥글게〉가 좋겠다. 순례길 위에
서도, 그리고 우리의 삶에서도 가볍고 즐거운 마음이 필요하다. 마법
주문을 외우듯 '링가링가링가 링가링가링' 노래를 부르며, 이제 조금
은 둥글어진 마음과 함께 집으로 돌아가야겠다.

열반의 도장
카가와 순례 지도

68 69 70 71 72 73 74 75 76 77 78 79 80 81 82 83 84 85 86 87 88

67

66 ← 에히메

도쿠시마
🔴1

카가와

도쿠시마

에히메

고치

엄마의 순례 노트

책을 마무리하면서 시코쿠에서 가지고 온 자료들을 다시 한번 쌓아 놓고 보는데, 못 보던 빨간 노트가 하나 눈에 띄었다. 노트를 열었더니 그 안에 순례 내용이 적힌 엄마의 손 글씨가 빼곡하다. 분명 같이 여행하고 같이 먹고 같이 쉬었는데, 엄마는 언제 이걸 다 적어 놓았는지 가늠도 가지 않았다. 이 노트의 존재조차 모르고 있었다니! 《엄마는 산티아고》를 쓸 때 영진이 적어 놓은 여행 수첩을 압수해서 발췌했던 것처럼, 책을 다 쓰기 전에 엄마의 순례 노트를 빌렸어야 했다. 억울한 마음이 가득하지만 엄마의 순례 노트와 납경장에 받은 90개의 납경들을 혼자 보고 넘기기엔 아까워서 살짝 공유해 보기로 한다.

발심發心의 도장
도쿠시마현

순례의 시작,
깨달음으로 나아가는 마음을 내다

1. 료젠지靈山寺

시코쿠 순례의 첫 번째 발원의 절이다.
절의 이름은 붓다가 인도에서 설법을
했던 영산靈山에서 유래했다. 건강과 행
복을 기원하는 인연 관음과 열세 개의
불상이 모셔져 있고, 30미터 높이의 다
보탑과 연못이 있다.

2. 고쿠라쿠지極楽寺

빛의 불佛인 아미타여래를 조각했는데
이 빛이 바다에 닿아 어부들이 물고기
를 잡지 못하게 되자 작은 산을 쌓아
올려 빛을 차단했다는 전설이 있다. 코
보 대사가 심었다는 1200년 된 장명삼
長命杉이 크게 자리하고 있다.

3. 곤센지金泉寺

코보 대사가 가뭄으로 고통받는 마을
사람들을 위해 우물을 파자 신성한 물
이 솟구치며 장수의 축복을 내렸다고
전해진다. 대사당 옆에 우물이 있는데
수면에 얼굴이 비치면 장수한다고 한다.

4. 다이니치지大日寺

코보 대사가 대일여래大日如來(비로자나
불)를 조각하여 창건했다는 절이다. 대
일여래는 본당에 모셔져 있는데 일반
인은 볼 수 없다. 숲으로 둘러싸여 있
어 고요함의 사원으로 알려져 있다.

5. 지조지 地蔵寺

전쟁에서의 승리를 지켜준다는 승군지장보살勝軍地蔵菩薩이 모셔져 있어, 옛날부터 군 지도자들이 깊이 의지한 절이다. 순례길에는 곳곳에 빨간 지팡이를 든 스님 모양의 그림과 화살표가 길을 안내하고 있다.

6. 안라쿠지 安楽寺

만병에 효력이 있다는 온천이 솟아서 병을 고치기 위해 사람들이 모여들자 그곳에 약사여래를 조각해서 만든 절이다. 신사와 연결된 연못가에는 액막이하는 부적이 많이 걸려 있다.

7. 주라쿠지 十楽寺

열 가지 즐거움을 얻을 수 있도록 이름을 주라쿠지라고 지었다고 한다. 본존지장보살은 눈병에 효험이 있다고 하며, 왼편에는 유산한 아이들을 기리는 미즈코 지장보살이 따로 모셔져 있다.

8. 구마다니지 熊谷寺

코보 대사가 천수관음보살을 조각하고 그 안에 작은 황금 관음상을 안치해서 열었다고 전해진다. 크고 아름다운 다중탑이 있고, 1687년에 건립되었다는 커다란 인왕문이 있다. 올라가는 길옆에는 돌기둥이 줄지어 서 있다.

9. 호린지 法輪寺

88개소 중에서 유일하게 본존이 열반의 모습이라고 한다. 지팡이 없이는 걷지 못하던 사람이 이 절에 와서 참배하고 완치됐다고 하여 많은 짚신들이 봉납되어 있다.

10. 기리하타지 切幡寺

코보 대사가 여기를 지나가다 옷을 고치려 옷감을 찾았더니 한 여인이 아낌없이 새 옷감을 내어주었다. 여인의 소원을 들어 출가시키자 바로 천수관음보살로 모습이 바뀌었고, 코보 대사는 천수관음보살상을 조각하여 절을 세웠다고 한다.

11. 후지이데라 藤井寺

코보 대사가 약사여래를 모시는 절을 건립했고, 여러 차례의 화재에도 이 약사여래상은 살아남아 있었다고 한다. 봄에는 보라색의 등나무 꽃이 경내를 가득 채운다고 한다.

12. 쇼산지 焼山寺

큰 뱀이 불을 뿜어 주민들을 위협하자 코보 대사가 두려워하지 않고 불을 끄고 뱀을 동굴에 가두었다고 한다. 높고 험해서 순례자가 굴러 떨어진다는 헨로고로가시가 있는 첫 절이다. 산길을 하루 종일 오르락내리락해야 하는 코스이다.

13. 다이니치지大日寺

대일여래를 새겨 절을 열었다고 전해지지만, 지금은 십일면관세음상이 본존으로 모셔지고 있다. 건너편에는 이치노미야 신사가 있다. 토착 신앙인 신도神道와 불교가 융합한 신불습합神佛習合의 현장이다.

14. 조라쿠지常楽寺

미륵보살이 나타났던 모습을 새겨서 미륵보살상을 본존으로 삼은 절이다. 당뇨병으로 고통 받던 노인에게 코보 대사는 주목을 달여 먹여 낫게 하였고, 이 나무에 대사가 있다고 전해져 당뇨병과 눈병 등 모든 질병에 영험하다고 여겨진다.

15. 고쿠분지国分寺

도쿠시마의 국사 중 하나였지만 16세기 초에 소실되었다가 재건되었다. 절 전체가 현의 사적으로 지정되어 있다. 본당이 수리 중이라 임시 본당을 만들어 놓았다.

16. 간온지観音寺

순례를 하던 여인이 젖은 순례복을 불에 말리려다 불이 붙어 화상을 입었다. 이 여인은 과거에 타다 남은 땔감으로 시어머니를 때린 적이 있어서 그 벌을 받았다고 반성하여, 불길에 싸인 여성의 그림을 봉납했다고 한다.

17. 이도지井戸寺

코보 대사가 지팡이만으로 하룻밤 사이에 우물을 팠다고 전해지며, 절의 이름도 여기서 유래했다. 우물은 기한대사日限大師로 모셔지며 날을 정하여 소원을 빌면 반드시 이루어진다고 한다.

18. 온잔지恩山寺

이 절은 여인금제女人禁制라 코보 대사가 수행하고 있을 때 어머니가 멀리 카가와현에서 찾아왔지만 절에 들어갈 수가 없었다. 코보 대사는 여인금제를 해제하기 위해 7일 동안 폭포를 맞아가며 수행했고, 결국 어머니를 맞아들여 효도했다고 한다.

19. 다쓰에지立江寺

어디선가 날아온 백로가 절을 세울 장소를 알려줬다고 한다. 한 여인이 남편을 살해한 후 애인과 함께 시코쿠 순례를 하러 왔는데, 이 절에 도착하자 머리카락이 종의 줄에 얽혀 죄를 참회하고서야 풀려났다는 전설이 있다.

20. 가쿠린지鶴林寺

코보 대사가 이곳을 방문했을 때 한 쌍의 학이 금빛 지장보살을 지키고 있는 것을 보고 90cm 크기의 지장보살상을 만들어 본존으로 모셨다고 한다. 본당 앞에는 커다란 두 마리의 학 조각이 이

절의 유래를 보여주고 있다. 커다란 바위에 없을 무無가 크게 새겨져 있었는데, 불교에서 無는 끊임없이 변하고 텅 비어 있음을 나타낸다.

21. 다이류지太龍寺

넓은 경내는 거대한 나무로 싸여 있어 신비로운 분위기이며, 서쪽의 고야산이라고 불린다. 1200년 전에 이 높은 곳에 큰 절과 탑을 지었다. 고목에 간절한 소망을 담은 염주들이 걸려 있다. 산 정상에 로프웨이가 설치되어 있다.

22. 뵤도지平等寺

코보 대사가 지팡이로 우물을 파자 유백색의 물이 솟아올랐고, 이 물은 만병에 효과가 있는 것으로 알려져 있다. 본당에는 영험을 받은 사람들이 봉납한 깁스와 목발이 가득하고, 풀꽃이 그려진 천장화는 도쿠시마현의 유형 문화재로 지정되어 있다.

23. 야쿠오지藥王寺

코보 대사는 이 절에 액막이 약사여래를 조각하여 안치하고, 자신과 다른 사람들에게 재앙이 닥치지 않기를 기원했다. 천황의 액막이 기원 절로 번창했다. 남액 42단, 여액 33단, 환갑액 61단이 있으며 가파른 계단 양옆에 동전을 놓으며 액막이를 하는 참배객의 모습이 보인다.

수행修行의 도장
고치현

마음과 몸을 갈고 닦아
지혜와 자비의 길을 걷다

24. 호쓰미사키지最御崎寺

아열대 식물이 자라는 따뜻한 무로토곶의 꼭대기에 위치해 있다. 코보 대사는 19세에 근처 미쿠로도 동굴에서 수행하고 깨달음을 얻었고, 동굴에서 보이는 것이 하늘空과 바다海뿐이라며 '구카이空海'로 이름을 바꾸었다고 전해진다.

25. 신쇼지津照寺

어부들의 안전과 풍어를 기원하며 만든 절이라고 한다. 항해 중에 배가 폭풍우를 만나 조난당했을 때 한 승려가 나타나 배를 조종해서 무사히 항구에 도착했고, 그 승려는 신쇼지에서 홀연히 사라졌다고. 어부가 본존에 참배하러 가니 지장보살이 물에 흠뻑 젖어 있었다는 이야기가 전해진다.

26. 곤고쵸지金剛頂寺

텐구(상상 속의 괴물)가 살고 있었는데, 코보 대사와 논쟁을 벌여 패하자 다시는 나타나지 않았다고 한다. 대사당 벽에는 이 이야기를 묘사한 그림이 있다. 이 절에는 코보 대사가 쌀을 끓이자 만 배로 늘어났다고 하는 '한 알 만 배의 가마솥'이 있다.

27. 고노미네지神峯寺

고노미네산(해발 430미터) 정상 근처에 있다. 절의 종 옆에는 바위 사이로 물이 흘러나오는데, 심한 병을 앓던 한

여인이 꿈에서 코보 대사를 보고는 이 물을 마시고 병이 나았다고 한다.

28. 다이니치지大日寺

코보 대사가 손톱으로 약사여래를 새겨서 본전을 세웠으며, 질병을 치료하는 데 효과가 있다고 전해진다. 절 앞에는 삿갓과 납경장 등을 파는 가게가 있다.

29. 고쿠분지国分寺

고치현의 국사로 절 전체가 국가 사적으로 지정되어 있다. 경내에서는 사시사철 꽃을 볼 수 있다고 한다. 본당 앞에 흰 천막을 치고 후세를 위해 보물 수장고를 지을 봉헌을 받고 있었다.

30. 젠라쿠지善楽寺

19세기 중반에 신불 분리로 인해 젠라쿠지가 폐사되면서 본존을 옮겨 놓은 안라쿠지가 30번 절이 되었는데, 그 후 젠라쿠지가 재건되어 다시 30번 절이 되었다. 학업 성취와 합격 기원을 돕는다는 우메미 지장梅見地蔵이 있다.

31. 지쿠린지竹林寺

중국의 우타이산五台山을 닮은 산을 골라 문수보살을 새겨 절을 건립했다. 학문의 절로 신앙과 문화의 중심지가 되었다. 오층탑이 있는 넓고 아름다운 정원과 돌 위에 세워진 선재동자善財童子를 볼 수 있다.

32. 젠지부지禪師峰寺

항해의 안전을 기원하며 십일면관음보살을 새기고 절을 열었다. 선원과 어부의 안전을 기원하는 절로 알려져 있다. 기암괴석이 많이 있으며, 삿갓을 쓴 너구리상도 있다.

33. 셋케이지雪蹊寺

코보 대사에 의해 진언종 사찰로 창건되었고, 절을 부흥시킨 타이겐太玄의 공양탑이 있다.

34. 다네마지種間寺

본존불을 백제 목수가 조각했다고 전해지는 사찰로, 코보 대사가 중국에서 가져온 다섯 가지 곡식인 쌀, 보리, 밀, 기장, 콩의 씨앗을 절에 뿌렸다는 전설이 전해진다. 대사당 앞에는 사람들이 순산을 기원하는 코소다테 관음상이 있다.

35. 기요타키지清滝寺

코보 대사가 풍년을 기원한 후 지팡이를 땅에 내리치자 맑은 물이 솟아나 폭포가 되었다는 전설에서 절 이름이 유래한다. 높이가 15미터나 되는 약사여래상이 액막이에 효과가 있다고 해서 많은 참배객이 방문한다.

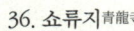

36. 쇼류지青龍寺

코보 대사는 당나라의 청룡사青龍寺에서 밀교의 비법을 전수받고 일본으로 돌아오던 중에 폭풍우를 만났는데, 부동명왕不動明王이 나타나 칼로 파도를 가르고 그를 지켜줬다고 한다. 그 은혜에 보답하기 위해 부동명왕을 새겨 쇼류지青龍寺를 건립했다.

37. 이와모토지岩本寺

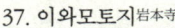

88개 절 가운데 유일하게 다섯 본존(부동명왕, 관세음보살, 아미타여래, 약사여래, 지장보살)이 모셔져 있는 절이다. 1978년 복구 공사를 할 때 전국에서 모집한 575점의 그림을 천장에 넣었다. 그림의 주제는 불교화, 꽃, 새, 고양이, 미국 여배우 마릴린 먼로, 성모 마리아까지 다양하다.

38. 곤고후쿠지金剛福寺

코보 대사는 사가 천황의 명을 받아 천수관음상을 조각하고 이 절을 세웠다. 계단을 올라가면 대사거북大師龜상이 있다. 머리를 쓰다듬으면 행운이 따른다고 한다.

39. 엔코지延光寺

본당 오른쪽에 눈을 씻는 우물인 메아라이노 이도目洗いの井戸가 있다. 이 물로 눈을 씻으면 눈병에 효험이 있다고 한다. 용궁으로부터 범종을 가지고 왔다고 하는 붉은 거북이 석상이 있다.

보리菩提의 도장
에히메현

나의 어리석음을 알고
완전한 지혜와 깨달음을 얻다

40. 간지자이지観自在寺

약사여래상을 모시고 있는 이 절은 1번 절인 료젠지에서 가장 멀리 있다. 물과 관련된 희망을 이뤄준다는 전설이 있으며 다양한 사찰 보물들이 전시되어 있다. 물을 끼었고 소원을 비는 팔체불 십이지 수호 본존이 있다.

41. 류코지龍光寺

코보 대사는 쌀을 나르는 노인을 만나서 그가 변모한 쌀의 신이라고 믿고 이곳에 절을 건립했다. 원래는 쌀의 신에게 풍년을 기원했지만, 최근에는 사업의 번영을 위해 기원하는 사람들이 많다. 본당 뒤는 주홍색 도리이鳥居가 있는 신사이다.

42. 부쓰모쿠지仏木寺

노인이 코보 대사에게 소를 타라고 권했고, 얼마 후 중국에서 던진 보석이 걸려 있는 녹나무를 발견했다. 코보 대사는 녹나무로 대일여래상을 만들어 미간에 보석을 끼우고 절을 건립했다. 가축당家畜堂도 지어서 처음에는 사람들이 가축의 복을 빌러 왔지만, 요즘에는 반려동물을 기리기 위해 방문하기도 한다.

43. 메이세키지明石寺

이 절의 이름은 한 여신이 새벽까지 큰 돌을 들고 기도하다가 날이 밝자 사라졌다는 전설에서 유래했다.

44. 다이호지大寶寺

701년 백제에서 온 승려가 십일면관음보살을 산중에 둔 것을 형제 사냥꾼이 발견해 절을 세웠다. 산문에는 백 년에 한 번씩 교체한다는 커다란 짚신이 걸려 있고, 경내에는 삼나무와 노송의 고목이 있다.

45. 이와야지岩屋寺

깎아지른 바위산 안에 있는 본당은 신비로운 여성 은둔자가 코보 대사에게 준 장소라는 전설이 있다. 두 개의 부동명왕상을 조각하고 암석 안에 봉하여 산 전체를 본존으로 했다. 바위 위에서 사다리를 타고 올라가면 정상에 오륜탑이 있다.

46. 조루리지浄瑠璃寺

812년 코보 대사가 와서 황폐해진 건물을 복원했고, 이때부터 신성한 장소로 여겨졌다. 경내에는 1000년이 넘는 나무가 있다. 교통안전에 효험이 있다는 부처님의 발자국 돌과 지혜와 기술에 효험이 있다는 손자국 돌 등이 모셔져 있다.

47. 야사카지八坂寺

절을 지을 때 여덟 개의 언덕을 개간해서 지었다는 데서 절 이름이 붙여졌다고 한다. 시코쿠 순례의 창시자라고 하는 에몬 사부로가 순례를 시작한 절이다.

48. 사이린지西林寺

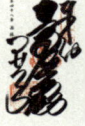

공개되지 않는 본존은 뒤를 향해 있어서 대부분 본당 뒤쪽으로 가서 참배한다. 가정의 화목을 돕는다는 대나무가 있다.

49. 조도지浄土寺

북이나 징을 치며 염불을 외우고 다니던 쿠우야 고승空也高僧이 머물던 절로 알려져 있다. 쿠우야 고승이 떠나갈 때 새긴 작은 불상은 나무아미타불의 여섯 문자를 의미한다고 한다.

50. 한타지繁多寺

절 안에는 시험 합격, 사업 번창, 액막이, 부부 관계 원만 등을 기원하는 수호신이 모셔져 있다. 종루는 1696년에 다양한 사람들 100명의 기부로 만들어졌다.

51. 이시테지石手寺

에몬 사부로와 코보 대사의 이야기 속에 등장하는 절이다. 문에 걸린 대형 짚신을 만지면 건강하게 걸을 수 있고, 1번부터 88번 절까지의 흙을 담은 주머니가 있어 이를 만지면 순례를 하는 것과 같은 공덕을 쌓는다고 한다.

52. 다이산지太山寺

배로 여행을 하던 중 큰 폭풍이 몰아치자 선원들이 관음보살에 빌어 조난을 피했고, 감사를 표하기 위해 하룻밤 만

에 절을 건립했다고 한다. 본당은 국보
로 지정되어 있다.

53. 엔묘지円明寺

시코쿠 88개소 중에 가장 오래된, 동판으
로 된 참배 납찰(오사메후다)이 발견되
어 높이 평가받고 있다. 대사당 왼쪽에는
관음상으로 위장한 성모 마리아상이 있
고, 이는 카쿠레 키리시탄隱れキリシタン(잠
복 기독교인)들이 숭배했을 것이라 한다.

54. 엔메이지延命寺

신앙과 학문의 중심 도장으로 학자들
의 사원으로 번성했다. 병사들이 범종
을 약탈하려 했을 때 손을 대지 않아도
'이누루 이누루(집)'라는 소리가 울려
서 병사들이 겁에 질려 종을 돌려주었
다는 전설이 있다. 산문은 과거 이마바
리 성문에서 왔다고 한다.

55. 난코보南光坊

세토내해의 오미시마에 있는 유명한
오야마즈미 신사와 함께 항해의 안전
을 기원하는 신사였다. 712년에 시코
쿠로 옮겨져 절이 되었고, 2차 세계대
전 중에 불에 탔지만 재건되었다. 유일
하게 보坊의 이름이 붙는다.

56. 다이산지泰山寺

강이 범람해서 많은 사람이 죽자, 코보

대사가 마을 사람들과 제방을 만들어
범람을 다스렸다고 한다. 대사당 앞에
는 코보 대사가 심었다는 불망송不忘松
이란 소나무가 있는데, 시든 그루터기
에 허리를 대면 요통이 낫는다고 한다.

57. 에이후쿠지栄福寺

세토내해의 해난 사고 방지를 위해 만
든 절이다. 본당의 양옆에는 부처님이
깨달음을 얻은 인도 사원의 족형을 본
따서 만든 불족적佛足跡이 있다. 불족적
은 불상이 만들어지기 전에 부처님의
발을 본떠 만들어 숭배했다고 하며, 여
기에 합장하고 소원을 빌기도 한다.

58. 센유지仙遊寺

40년간 수행을 하던 승려가 어느 날 구
름같이 사라져 버려서 센유지라고 한
다. 숲에 둘러싸인 절이 크고 아름답다.
멀리 세토내해와 이마바리시가 내려
다보인다. 커다란 코보 대사상 주위로
88개 절의 본존 석불이 모셔져 있어 신
시코쿠 영장靈場이라고도 한다.

59. 고쿠분지国分寺

창건 당시에는 규모가 컸던 절로, 소실
과 부흥을 간직한 역사와 문화가 있다.
악수를 하면 소원이 이루어진다는 악
수 수행 코보 대사상이 있다. "대사와
악수하고 소원 하나만. 그것도 이것도

안 돼. 대사님도 바빠서."라는 팻말이
재미있다.

60. 요코미네지橫峰寺

이시즈치산은 코보 대사가 수행한 성지
이며, 요코미네지는 그 산정에 있는 이시
즈치 신사의 사무를 담당하던 절이었다.
코보 대사가 수행하며 주신을 모시고 기
도를 드려 안무 천황이 뇌병에서 치유되
었다고 하며 1909년에 복원되었다.

61. 고온지香園寺

코보 대사가 이 부근에서 임산부가 괴
로워하는 것을 보고 향을 피워 기도하
자 무사히 사내아이가 탄생했다고 하
여 순산과 육아의 영지로 알려졌다.

62. 호주지宝寿寺

16세기에 소실되었다가 1636년에 복
원되었다. 문 앞에는 '일국일궁별당보
수사'라고 기록된 시코쿠 순례 최고의
비석이 서 있었다고 하는데, 현재는 에
히메 역사문화박물관으로 옮겨졌다.

63. 기치조지吉祥寺

코보 대사가 만든 비사몬텐毘沙門天을 주
신으로 모시는 유일한 절이다. 경내에
는 가운데 구멍이 있는 바위가 있는데,
성취석이라고 한다.

64. 마에가미지前神寺

귀족과 무사 가문의 깊은 신앙의 장소
였다. 매월 20일에 세 개의 자오곤겐蔵
王権現상이 일반인에게 공개되며, 몸의
나쁜 부분을 문지르면 낫는다고 한다.

65. 산카쿠지三角寺

코보 대사가 이 지역에 살던 성가신 귀
신을 퇴치하기 위해 사용했던 삼각형의
호마 제단에서 이름이 유래되었다. 아
이를 원하는 기원의 절로 알려져 있다.

열반涅槃의 도장
카가와현

모든 고통과 집착에서 벗어나
해탈의 경지에 이르다

66. 운펜지雲辺寺

807년 사가 천황의 지시로 코보 대사가 창건했다. 가마쿠라 시대에는 학문의 장소로 번영했고 수많은 건물이 건립되었다. 로프웨이를 타고 올라가는데 아래로 내려다보는 경치도 일품이고, 커다란 삼나무와 활짝 핀 수국꽃이 인상적이다.

67. 다이코지大興寺

822년 코보 대사가 사가 천황의 요청으로 건립하였고, 종교 학술의 중심지가 되었다. 대부분의 건물이 불에 탔고, 1600년대에 재건되었다. 코보 대사가 심은 것으로 알려져 있는 계단 아래 녹나무에 순례자들이 인사를 한다.

68. 진네인神恵院

승려가 바다에서 노인이 거문고를 연주하는 것을 보고 거문고를 고토히키산으로 가져다가 정상에 모셨고, 코보 대사는 이곳에 와서 아미타여래상을 조각했다고 한다.

69. 간온지観音寺

코보 대사가 본존을 조각하고 산비탈에 세운 사당에서 시작된 절이다. 물을 쓰지 않고 돌과 모래로 산수 풍경을 표현한 정원이 유명하다. 절 옆에는 에도 시대 화폐인 관영통보寛永通寶를 본뜬 거대한 동전 모양의 모래 그림이 펼쳐져 있다.

70. 모토야마지 本山寺

군사들이 경내에 쳐들어가자, 아미타 여래의 우측 팔꿈치에서 피가 흐르고 있어 놀라 물러가서 파괴되지 않은 절이라고 한다. 국보로 지정되어 있으며 코보 대사가 하룻밤 만에 건설했다는 전설이 있다. 귀중한 문화재인 오층탑 상륜을 실물로 전시하고 있다.

71. 이야다니지 弥谷寺

일본 3대 영장靈場의 하나로 코보 대사가 이 절에서 수행하고 있을 때 하늘에서 다섯 개의 검이 내려와 신의 계시를 듣고 새롭게 정돈했다고 한다. 대사당은 사자가 입을 벌린 것 같은 동굴에 불상이 모셔져 있다. 코보 대사가 새겼다는 삼존 마애불이 있고, 이곳에서 마애불을 부르며 진언을 하면 극락왕생을 할 수 있다고 한다.

72. 만다라지 曼茶羅寺

88개 절 중에 가장 오래된 절로 코보 대사의 조상인 사에키 가문의 절이었다고 한다. 당나라에서 돌아온 코보 대사는 어머니의 공양에, 당에서 가지고 온 금강계와 태장계의 만다라를 안치해 만다라지로 고쳤다고 한다. 조상의 명복과 가호를 비는 절로 유명하다.

73. 슛샤카지 出釈迦寺

코보 대사가 7세 때 산에 올라 "불도에 입문해 많은 사람을 구제하고 싶다. 이 소원이 이루어진다면 석가여래여, 모습을 나타내고, 그렇지 않으면 목숨을 부처에 바친다."라고 기원하며 절벽에 몸을 던졌다. 이때 연꽃에 앉은 석가여래가 모습을 나타내고 선녀가 날아와 코보 대사의 몸을 받았다고 한다.

74. 고야마지 甲山寺

여기는 코보 대사가 어렸을 때 놀았던 장소로 고야마의 산기슭에서 한 노인이 나타나 여기에 절을 건립하면 영원히 지키겠다고 해서 건립했다고 한다. 여성의 보호신이 있어 부인병 치유, 출산 등 다양한 고민을 가진 여성들이 이곳을 찾는다.

75. 젠쓰지 善通寺

코보 대사의 탄생지이며 고야산의 곤고부지와 교토의 도우지와 함께 코보 대사 3대 영지의 하나이다. 동원東院에는 금당과 43미터에 달하는 오층탑, 두 그루의 녹나무 등 국보와 중요 문화재 등을 볼 수 있고, 서원西院은 대사가 태어난 가문의 집터로 어영당과 보물관 등이 있다.

76. 곤조지金倉寺

당나라에서 밀교를 배운 치쇼우 대사智證大師가 귀국 후 이 절에 머물며 당나라의 청룡사를 본떠 건물을 개조하고 약사여래를 조각하여 본존으로 안치했다. 본당 앞의 오오구로텐大黑天은 소원을 빌면서 금박을 붙이면 효험이 있다고 한다.

77. 도류지道隆寺

도류가 빛나는 뽕나무에 화살을 쏘자 여인이 쓰러졌고, 그는 슬픔 속에 그 나무로 약사여래를 조각해 모셨다. 훗날 코보 대사가 또 다른 약사여래를 새겨 현재 두 불상이 함께 안치되어 있다. 시각장애인이 기도해 눈을 고쳤다는 전설로 안질에 효험이 있는 절로 알려져 있다.

78. 고쇼지鄕照寺

당나라에서 귀국한 코보 대사가 42세에 액막이 기원을 한 것으로 알려져 있으며 수련 장소로 사용되기도 했다. 수많은 관음상이 동굴 안에 모셔져 있고, 수령 700년이라고 하는 떡갈나무가 있다.

79. 텐노지天皇寺

고쇼인高照院이라고도 불린다. 스토쿠 천황崇德天皇이 영지를 받기까지 14일간

관을 안치했던 곳이고 유해는 시로미네산에 봉해졌다. 일본 전체에서도 몇 개밖에 없는 미와도리이三輪鳥居가 있다.

80. 고쿠분지国分寺

5.2미터의 본존 관음상을 모신 큰 절로, 팔작지붕의 본당과 범종은 중요 문화재다. 한때 다카마쓰성으로 옮겨졌던 범종은 소리가 나지 않아 다시 이곳으로 돌아왔다는 전설이 있다.

81. 시로미네지白峯寺

코보 대사는 시로미네산에 보석을 묻고 우물을 파서 모든 중생의 구제를 기원했다고 한다. 보석에서 나오는 영묘한 빛을 보고 천수관음보살을 조각하여 절을 열었다. 스토쿠 천황의 묘소가 이곳에 있고, 그를 기리기 위한 공양탑인 13층 석탑이 있다.

82. 네고로지根香寺

코보 대사가 당나라로 가기 전에 이곳에 집을 짓고 성지로 봉헌했다고 전해진다. 향나무로 천수관음보살을 새겨 오랫동안 향기를 풍겨서 네고로지라고 부르게 되었다고 한다. 지역 주민들을 괴롭혔다는 우시오니牛鬼에 대한 이야기가 전해지며 산문 근처에 우시오니 동상이 있다.

83. 이치노미야지 一宮寺

약사여래의 아래에는 지옥의 가마라고 불리는 작은 사당이 있어 귀를 가까이 하면 지옥의 솥이 펄펄 끓는 소리가 들린다고 한다. 악인은 머리를 넣으면 빠지지 않는다는 전설이 있다. 본당 왼쪽에는 현에서 가장 오래된 세 개의 돌탑이 있다.

84. 야시마지 屋島寺

야시마의 북쪽 봉우리에 당堂을 세운 것이 시작이며 코보 대사가 이곳에 와서 본당을 건립했다. 절에 오르는 길에는 먹지 못하는 배의 이야기가 있다. 코보 대사가 이 산에 오를 때 배가 맛있게 보여 하나를 청했지만 주인은 먹을 수 없는 배라고 말하며 거절했다. 대사가 떠나자 배가 정말 돌처럼 굳어 먹을 수 없게 되었다고 한다.

85. 야쿠리지 八栗寺

코보 대사가 당나라로 떠나기 전에 여덟 그루의 밤나무를 심었다고 한다. 돌아와서 수행할 때 하늘에서 다섯 개의 검이 내려와 검을 산에 묻고 대일여래상을 새겨서 절을 열었다.

86. 시도지 志度寺

후지와라 가문에 당나라 황제로부터 받은 세 개의 보물 구슬이 있었는데, 용왕에게 빼앗겼다고 한다. 해녀가 용궁에서 보물 구슬을 되찾아 주었지만, 그녀는 생명을 잃었다는 슬픈 전설이 있는 절이다. 아름다운 주홍색 오층탑과 해녀 이야기의 정경을 나타낸 무염 정원이 있다.

87. 나가오지 長尾寺

코보 대사가 당나라로 떠나기 전에 이 절을 방문해서 국가의 안위와 오곡풍양을 기원하고 귀국해서는 공양탑을 세웠다고 한다. 궁궐의 안뜰같이 탁 트인 경내가 인상적이다.

88. 오쿠보지 大窪寺

시코쿠 순례의 마지막 결원의 절이다. 88개 사찰을 다 돌면 소원이 이루어진다고 하며, 코보 대사의 상징인 지팡이를 감사의 표시로 봉납하기도 한다. 88번째 납경을 받고 결원증서를 받는다.

시작과 끝이 이어지는,
시작도 끝도 없는
깨달음의 길

89. 다시 1번 절 료젠지靈山寺
88번 절 오쿠보지에서 다시 1번 절 료젠지로 돌아오면, 시코쿠의 88개 절을 둥글게 이은 길이 된다. 납경장의 마지막 장에 1번 절 납경을 받고, 출발하던 날처럼 마네킹 순례자와 사진을 찍는다.

90. 고야산高野山
고야산은 일본 불교 역사에서 차지하는 중요한 위치와 자연 환경이 지닌 가치를 국제적으로 인정받아 2004년 유네스코 세계유산에 등록되었다. 코보 대사가 당나라에서 불경을 공부하고 일본으로 돌아올 때 적합한 장소를 찾기 위해 산코쇼三鈷杵라는 법구를 던졌는데 그것이 향한 곳이 고야산이었다고 한다. 그는 이곳에 진언종의 총본산인 곤고부지金剛峯寺를 창건했고, 오쿠노인奧之院에서 입적하여 묘소가 그곳에 있다. 시코쿠 88개 절의 순례를 끝내면, 코보 대사의 묘지가 있는 고야산까지 가서 마지막 납경을 받는다. 비어 있던 납경장의 첫 장에 고야산 오쿠노인의 납경을 받으면 시코쿠 순례의 모든 여정을 마치게 된다.

에필로그

　고야산을 끝으로 시코쿠 불교 순례를 마치고 돌아온 지 벌써 7년이 지났다. 그동안 엄마와의 이야기를 쓰면 책 몇 권은 더 되겠지만, 우선은 60대에서 칠순이 된 엄마…….

> "아, 나 칠순 안 할래. 칠순이라는 건 책에서 빼 줘.
> 야, 진짜 빼!"

　오랜만에 본가 식탁에 커피를 내려놓고 앉아 에필로그를 쓰기 시작하자마자, 뒤에서 급습한 엄마한테 저지당한 오늘. 7년 동안 많은 일이 있었고 둘의 나이 앞자리를 비롯해 많은 것이 바뀌었지만, 한 가지 확실히 말할 수 있는 건 엄마와 나는 자주 보지 못해도 여전히 티격태격하며 잘 지내고 있다는 것이다.

　이 책의 원고를 마무리하던 2019년, 일본 정부가 일본제철 강제징용공 배상 판결에 불복하면서 일본 상품 불매 운동이 시작되었다. 이어 2020년부터 3년간 세계를 강타한 코로나19 사태 내내, 덮어 두었던 우리의 여정은 어느새 전생의 기억 같아져 버렸다. 책으로 엮어 놓은 산티아고의 추억은 가끔씩 열어 보며 잊지 않았는데, 더 최근의 기억인 시코쿠 순례의 추억은 자꾸만 머릿속에서 흐릿해져 갔다.
　코로나19가 끝난 뒤에도 현생을 사느라 탈고를 미뤄 두던 나를 다시 한번 등 떠밀어 준 황금시간의 이후춘 편집장님께 이 자리를 빌려 감사 인사를 드린다. 전생의 기록 같은 원고를 정성껏 다듬어주신 편집자님, 아름다운 책꼴을 빚어주신 태호 님과 석영 님, 순례용 배낭과 의류를 선뜻 내어주신 도이터 코리아의 김수민 님, 그리고 오셋타이를 내어주고 또 되어준 승훈 선배, 헬카페의 임성은·권요섭 대표, 영진, 카와카미 씨, 료헤이 씨, 미치히사 씨에게 깊은 감사를 드린다. 마지막으로, 자진해서 겨울과 여름의 로드 매니저가 되어준 든든한 아빠와, (마감 중인 내 등 뒤에서 '칠순' 단어를 당장 빼라고 여전히 협박 중인) 사랑하는 엄마에게 마음 깊이 감사드린다.

　'시코쿠 불교 순례'라는 거창한 이름은 자주 잊었지만, 그래도 7년 동안 시코쿠라는 단어와 함께 살았다. 온 가족이 시코쿠가 그리워 겨울에 다시 차를 몰고 이 큰 섬을 한 바퀴 돌기도 했고, 8년 전 비싼 숙박 가격에 놀랐던 그 베네세하우스에서 셋이 시간을 보내기도 했다. 도쿄에서 지낼 때는 여름마다 열리는 '코엔지 아와오도리'에 들러 재향 행사에 온 실향민이 된 듯 춤을 추기도 했다. 굵은 면발을 좋아하지 않아 정작 순례 때는 그 유명한 카가와 우동에 감동하지 않던 내가 카가와의 우동이 그리워 엄마 아빠와 한국에 들어온 마루가메 우동 매장에 가기도 했고, 음식을 주문할 때 원산지에 시코쿠의 지명이 적혀 있으면 프리패스에, 시코쿠의 시옷이라도 들리는 날엔 박찬호 선수보다 더한 수다쟁이로 변신해 버리곤 했다.

그리운 단어와 함께 사는 법을 배운 것이, 이 고생스러웠던 여정이 우리에게 준 오셋타이일 것이다. 산티아고가 그랬고 시코쿠가 그랬다. 금방이라도 다시 갈 수 있을 것만 같던 두 장소가 코로나19 장기화로 까마득히 멀어졌을 때, 오히려 이 길 위에서의 배움이 도움이 되었다. 마음의 고향이 된 산티아고와 시코쿠에 언제든 다시 가겠다는 다짐이 무색해진 지난한 시간. 그 시간 동안 엄마와 함께 먼 길에서 보낸 계절들을 그리워하고 소중히 여기는 것만으로도 충분히 버틸 만했다.

어떤 다짐도 어려운 세상이 된 지금, 오랜만에 우리의 추억을 열어본 것만으로도 오늘을 살아갈 기운을 얻었다. 칠순을 빼냐 마냐 실랑이를 벌이며 둘이서 한참을 깔깔대다가, 집 뒷산이라도 걷고 오자며 신발을 신고 나갈 채비를 한다. 지금, 소중한 사람과 함께 발 맞춰 걸어보기 참 좋은 계절이니까.

2025년 가을날, 원대한

소녀 같은 엄마와 다 큰 아들의
일본 시코쿠 불교 순례기

엄마는
시코쿠

지은이   원대한
펴낸이   정규도
펴낸곳   황금시간

초판 1쇄 발행 2025년 9월 25일

편집장   이후춘
편집   전수민

디자인   씨클레프 김태호
일러스트   씨클레프 원대한
보정   씨클레프 홍석영

황금시간
Golden Time

주소   경기도 파주시 문발로 211
전화   (02)736—2031 내선 291~292
팩스   (02)732—2037

출판등록   제406—2007—00002호
공급처   ㈜다락원
구입문의   (02)736—2031 내선 250~252

ISBN   979-11-91602-60-9 03980